7 Steps of
Best-selling Food
Design

畅销食品
设计7步

刘 静　邢建华　编著

化学工业出版社
·北京·

市场竞争，产品为王；畅销食品可以创造销售奇迹，把企业带入发展快车道。本书以理论加案例的形式，全面讲解了如何进行畅销食品设计。在概述了畅销食品的概念、查询渠道、内在逻辑的基础上，分7步介绍了超级产品设计、配方创新设计、工艺创新设计、质构组合设计、营养声称设计、保健功能设计、趣味化设计，其中包括每一步的设计原理、方法、设计举例等，由此形成一组设计的维度，便于形成高维度的优势，从而产生畅销产品乃至超级产品。

本书兼具理论性和实用性，可供食品生产厂商、食品产品设计人员、食品工艺开发和生产技术人员、食品行业的中小投资者参考，也可作为高等院校食品相关专业师生的教学参考书。

图书在版编目（CIP）数据

畅销食品设计7步/刘静，邢建华编著. —北京：化学
工业出版社，2017.11（2023.7重印）
ISBN 978-7-122-30607-4

Ⅰ.①畅…　Ⅱ.①刘…②邢…　Ⅲ.①畅销商品-食品-
产品设计　Ⅳ.①TS201.1

中国版本图书馆 CIP 数据核字（2017）第 221185 号

责任编辑：傅聪智　　　　　　　　　　　装帧设计：王晓宇
责任校对：边　涛

出版发行：化学工业出版社（北京市东城区青年湖南街 13 号　邮政编码 100011）
印　　装：北京盛通数码印刷有限公司
710mm×1000mm　1/16　印张 12¾　字数 248 千字　　2023 年 7 月北京第 1 版第 6 次印刷

购书咨询：010-64518888　　　　　　　售后服务：010-64518899
网　　址：http://www.cip.com.cn
凡购买本书，如有缺损质量问题，本社销售中心负责调换。

定　　价：48.00 元　　　　　　　　　　　　　版权所有　违者必究

前言
FOREWORD

市场竞争激烈，狭路相逢，如何取胜？这是每个企业都在思考的问题，也是技术人员面临的课题。

我们需要透过现象找规律，探究其中的有效路径，从而达到预期的目标。

食品工业是一个永恒不衰的常青产业。中国经济步入新常态，食品行业也呈现出相应的变化与趋势。我们可以从三个方面来看：

一是市场的需求量实现了快速增长，生产水平得到快速提高，产业结构不断优化，品种档次也更加丰富。

二是市场竞争异常激烈。我国作为世界最大的食品市场，外资企业涌进来；进口休闲食品也涌进来，需求量的年增长率达到 15%～20%；行业内部竞争加剧，某些产品同质化竞争严重，形成红海。

三是消费需求在变。消费升级趋势到来，消费品类出现分化，由过去的"吃得多"，向"吃得好"转换；社会逐渐进入老龄化，亚健康人群增加，促使人们越来越重视健康；食物消费行为呈现个性化、多样化趋势，对优质品牌的消费意识增强；随着网购食品的趋势化，定制个性化的产品成为潮流……

市场风浪多，何是心安处？

几家欢乐几家愁，几家飘零在浪头。

市场的残酷在于大浪淘沙，胜利者的姿态总是一将功成万骨枯，大约 20% 的产品成为畅销产品，占据了 80% 的市场份额，如图1所示。其中，还有极少部分是畅销品中的畅销品——超级产品，勇立于浪潮之巅，令人赞叹。例如八宝粥市场，仅银鹭和娃哈哈两家企业就已占据了近九成份额。

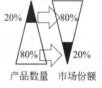

图1

狭路相逢智者胜，思维的维度决定自身的高度；所有的规律都是相似的，那就是：市场竞争就是维度的竞争，升维和降维就是命运的转变，升维思考、降维打击是市场竞争的法则。

升维思考，就是意识必须上一个新的台阶，站在一个更高的维度看问题，整合已有的资源，利用不在同一竞争层面、高于同行业竞争者的技术、模式创新，取长补短，旁通汇贯，为我所用，想方设法地提升自己的水平。

降维打击，就是运用高维度思维，与竞争对手站在不同的维度展开竞争，找到可以将竞争对手一击致命的那个维度，把它去掉，也就是降低对手的维度，形成以高打低的局面，打败竞争对手。例如，将高级别的技术和行业标准应用到低级别的行业，利用"高维世界"中压倒性技术优势对"低维"市场的对手进行秒杀。如图2所示。

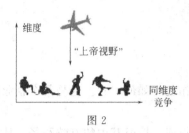

图 2

同维度的竞争形成红海，弱者即为平庸，强者也很难过，跟人硬碰硬地较量，伤敌一千，自损八百。

降维打击是一种"上帝视野"，居高临下，这种攻击不在一个层面上，着眼点、发力点不在一个层面，代差太大，无法抵挡。它能让原来体量和规模都不具优势的企业，借助新维度的优势，有了可以挑战强敌的机会，从而实现以小博大、以弱胜强的竞争结果。

有现象就有规律，基于上述背景，我们编写了本书，以"三见"（见天地、见自己、见众生）为宏观的维度，由此出发，提出了畅销食品设计7步的框架，形成一组设计的维度，从而达到"升维思考，降维打击"的目的，形成畅销食品。如图3所示。

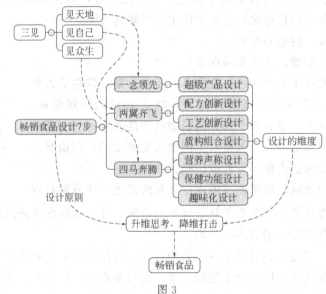

图 3

见天地，就是心有大格局，装得下世界，掌握规律，随顺自然。这需要在激烈的竞争中看待产品的生死，在潮起潮落的过程中悟出道来，向死而生，才能有成长和新生。

一念领先，就是要追求卓越，顶天立地，瞄准畅销品中的畅销品出击：超级产品设计。

见自己，就是了解自身。从企业自我的视角来看，配方设计与工艺设计是产品开发的核心，配方设计解决做什么的问题，工艺设计解决怎样做的问题。掌握实情，谋求发展。

两翼齐飞，是指在此基础上进行技术创新，提升自主开发能力，它包括两个方面：配方创新设计、工艺创新设计。两翼齐飞，越飞越高。

见众生，就是以众生心为我心，众生需要，我也需要。即以顾客为中心，提升顾客体验。好看、好吃、好玩，就会好喜欢；有趣、有料、有效，就会有市场；在产品特色上寻找立足点，在差异化的道路上求发展，就会获得更多生机。

四马奔腾，是指通过质构组合设计、营养声称设计、保健功能设计、趣味化设计，形成差异化的定位、清晰的卖点，具有震撼力和感染力，从众多的产品中脱颖而出。

这个"三见"是宏观的维度，把控大方向；所形成的"7步"是设计的维度，明晰具体方法。畅销食品设计7步就是为了形成高维度的优势，如秋风扫落叶，席卷市场，由此产生畅销产品，乃至超级产品。

思路决定出路，思路有多远，就能走多远。只要思想之树常青，我们的思路就会喷涌而出，我们脚下就会有路，而且越走越宽，我们的前途就会无限光明。

编著者
2017 年 8 月

目 录
CONTENTS

第一章　畅销食品设计概论

第一节　畅销食品的概念 / 2

　　一、畅销食品的相关定义 / 2

　　二、畅销食品的指标、识别 / 3

　　三、畅销食品的良性循环 / 4

第二节　畅销榜的查询 / 5

　　一、阿里指数 / 5

　　二、查询内容 / 5

第三节　畅销背后的逻辑 / 6

　　一、普通的解读→同维度竞争 / 6

　　二、进化的启示：主流衰丧，异端兴起 / 7

　　三、实施的原则：与其更好，不如不同 / 8

　　四、实现的路径：一个流程，模式呈现 / 9

　　五、三见的视野：见天地、见自己、见众生 / 9

　　六、维度的指向：升维思考，降维打击 / 12

第四节　畅销食品设计 7 步概述 / 13

　　一、设计模式 / 13

　　二、一念领先 / 13

　　三、两翼齐飞 / 14

　　四、四马奔腾 / 14

第二章　超级产品设计

第一节　什么是超级产品 / 17

　　一、概念 / 17

　　二、特点 / 17

三、作用 / 18

第二节 超级产品的逻辑 / 18

一、谋局 / 18

二、产品内核 / 20

三、价值设计 / 22

四、引爆流行 / 22

第三节 超级产品的设计方法 / 24

一、设计的关键 / 24

二、两大类方法 / 24

第四节 超级产品的跨界设计 / 28

一、跨界设计的趋势 / 28

二、跨界设计的方式 / 29

三、跨界设计的要点 / 30

四、跨界设计的流程 / 31

五、跨界产品的优势 / 33

第三章 配方创新设计

第一节 配方设计的方法 / 35

一、配方设计的原则 / 35

二、配方设计的框架 / 37

三、配方设计的流程 / 40

第二节 建立配方资料库 / 41

一、原料资料库 / 42

二、关系资料库 / 42

三、配方案例库 / 42

四、专题资料库 / 43

第三节 配方创新的方法 / 43

一、识变应变 / 43

二、系统化设计 / 45

三、两大创新法 / 46

第四章 工艺创新设计

第一节 工艺设计的方法 / 50

一、工艺性设计 / 51

二、文件编制 / 53

三、设计工艺性评价 / 54

第二节　创新知识的来源 / 55

一、技术实践 / 55

二、反思、复盘 / 56

三、数据库信息网站 / 56

四、技术专利 / 57

五、创新案例 / 58

六、专家经验 / 58

第三节　工艺创新的方法 / 59

一、建立基础：工艺知识库 / 60

二、工艺定位：确定层次 / 60

三、发展雏形：从块到线 / 61

四、技术整合：形成结果 / 62

第五章　质构组合设计

第一节　设计原理 / 68

一、质构的影响与构建 / 68

二、质构组合的目的 / 69

三、质构组合的方式 / 70

第二节　果粒悬浮饮料设计 / 71

一、产品分类与特色 / 71

二、果粒制备 / 72

三、悬浮要点 / 74

四、配方设计 / 76

五、工艺设计 / 77

第三节　气（喷）雾食品设计 / 79

一、产品分类 / 79

二、设计思路 / 80

三、配方设计 / 81

四、容器构成 / 84

五、工艺设计 / 85

第六章　营养声称设计

第一节　设计原理 / 89

一、声称的分类与关系 / 89

二、营养素含量、参考值及其计算 / 90

三、声称的基本使用原则 / 92

四、声称的要求和条件 / 92

五、功能声称标准用语 / 94

第二节 富含类产品设计 / 97

一、产品分类 / 97

二、市场需求 / 97

三、典型原料 / 99

四、配方设计 / 101

五、工艺设计 / 105

六、举例：高钙奶 / 108

第三节 不含类产品设计 / 110

一、市场需求 / 110

二、典型原料 / 112

三、设计要求 / 118

四、设计方法 / 119

五、举例：无糖硬糖 / 122

第七章 保健功能设计

第一节 基本概念 / 125

一、定义 / 125

二、分类 / 126

三、市场需求 / 128

第二节 配方设计 / 128

一、配方依据 / 128

二、原料选择 / 130

三、选方组方 / 131

四、组方规律 / 132

第三节 工艺设计 / 133

一、剂型选择 / 133

二、工艺研究 / 134

三、资料整理 / 138

第四节 制定标准 / 139

一、采标来源 / 139

二、标准的针对性 / 139

三、标准的编写 / 140

第五节　设计评价 / 141

一、稳定性评价 / 142

二、卫生学评价 / 142

三、安全性毒理学评价 / 142

四、功能学评价 / 142

第六节　产品评审 / 143

一、评审的操作 / 143

二、评审内容 / 144

第七节　增强免疫功能产品的设计 / 145

一、基本概念 / 145

二、有效成分 / 146

三、中医免疫 / 147

四、营养免疫 / 151

五、组方规律 / 154

六、功能评价 / 154

七、举例：免疫保健饮料 / 155

第八节　增强骨密度功能产品的设计 / 156

一、基本概念 / 156

二、中医疗法 / 157

三、营养疗法 / 159

四、组方规律 / 165

五、功能评价 / 166

六、举例：健骨胶囊 / 167

第八章　趣味化设计

第一节　设计原理 / 169

一、趣味与趣味化设计的概念 / 169

二、趣味化产品的类型分析 / 170

三、趣味化设计的二元操作 / 175

四、设计中的游戏心态 / 177

第二节　成像印刷 / 178

一、可食性油墨设计 / 178

二、承印材料 / 181

三、印刷工艺 / 181

　　　　四、印刷设备 / 181

　　　　五、发展前景 / 182

　　第三节　裱花 / 182

　　　　一、裱花的定义 / 182

　　　　二、裱花的方式与设备 / 182

　　　　三、裱花设计的要素 / 184

　　　　四、裱花料 / 184

　　第四节　3D 打印 / 184

　　　　一、3D 打印机 / 184

　　　　二、3D 食品打印机 / 185

　　　　三、3D 打印食品的类型 / 185

　　　　四、3D 打印的技术原理 / 185

　　　　五、3D 打印食品的工艺 / 186

　　　　六、3D 打印食品的设计变革 / 187

参考文献

后　记

第一章
畅销食品设计概论

Chapter 01

　　榜畅销食品设计，是指以开发畅销食品为目标，通过具体的操作，将它以理想的形式呈现出来。

- 榜样与参考：畅销食品排行榜，从阿里指数查询相关资料
- 思维的指向：升维思考，降维打击
- 设计的模式：畅销食品设计 7 步

商海沉浮，以量说话；同样一类食品，有的极其畅销，有的却很少有人问津。畅销者有其畅销的缘由，滞销者也有其滞销的原因。

有现象就有规律，我们从概念开始，一步步来探讨畅销食品设计，见图1-1。

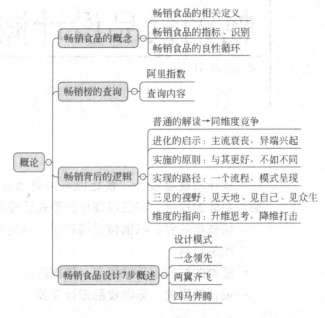

图1-1　概论的内容

设计有法，贵在得法。因为设计是一项有规则的自由活动，既有科学性，又有灵活性，它必须按一定的程序进行，遵循必要的原则，完成特定的任务，但它又需要依据具体的内容、具体的对象灵活实施，变革创新。设计之妙，存乎一心。只要我们顺应规律，大胆创新，灵活变革，就能让产品设计灵动精彩，充盈创新因子，充满个性色彩，焕发生机活力，达到事半功倍的效果。

第一节　畅销食品的概念

一、畅销食品的相关定义

食品，指各种供人食用或者饮用的成品和原料，以及按照传统既是食品又是中药材的物品，不包括以治疗为目的的物品。

畅销食品，指在市场上销路很好、没有积压滞销的食品。一般是指在质量、数量、品种、价格等都能满足消费者需要，而且销售数量大，交易次数多的食品。

畅销食品设计，是指以开发畅销食品为目标，通过具体的操作，将它以理想的形式呈现出来的过程。它包括从确定产品设计任务起到确定产品正式生产为止的一系列技术工作。

二、畅销食品的指标、识别

1. 畅销食品的指标

无论是对生产商，还是经销商、超市，畅销食品有三个指标：

单品销售数量排名——周期内看出哪一款产品销售数量最大；

单品销售利润率排名——对比出哪一款产品的毛利率最高；

单品销售利润贡献率排名——周期内对比出哪一款产品的毛利率所占比最大。

通过对这三个指标的考察，可以发现单个商品作出的具体贡献和特点，以免可能出现一叶障目的问题。比如，某些产品虽然可能销售的数量较少，但贡献利润率较大，这样的产品被看作滞销品，并不合理。

2. 畅销食品的识别

分为两类方法：

（1）查询排行榜

直接查询排行榜，见第二节内容。

（2）传统方法

主要从商场、超市来识别，也就是在大环境中来识别。

① 商品位置与空缺率　在供应商接待日以外的时间，在 12：00～13：00 或 20：00 以后，到卖场去观察"磁石点"货架（如端头货架、堆头、主通道两侧货架、冷柜等，这些位置一般陈列畅销商品）上的商品空缺率。因为这一时段是营业高峰刚过，理货员来不及补货的空隙。通过畅销商品主要陈列货架商品空缺情况的调查，可以初步得出结论：如果陈列货架商品空缺多，该商品销售良好，可列为畅销商品的目录。这种方法简便易行，但带来一定的偶然性。

② 观察法　蹲点，通过在超市、商场等购买密集场所的食品销售区域进行蹲点观察，观察人流数量，和顾客、店员聊天，观察一定时间段里食品的销售情况及消费者的购买特点，研究对手的长处。

营销专家路长全在《软战争》一书中描述了这种方法：我提着黑色的旅行包，走到太原火车站东南角的一个卖杂食品的摊点……我站在离摊点 15 米远的屋檐下，仔细地盯着这个摊点卖出的每一盒同类产品。我从 3 点 15 分一直观察到 4 点 30 分。在这一小时十五分钟内，这个摊点一共卖出 21 份同类产品，其中 3 份是我们企业的产品。然后，我走向火车站广场正前方的一个报亭。报亭旁有一个摊点。我决定观察一下这个摊点的销售品种。为了不让别人认为我是坏人，我买了一份"读者"期刊，一边浏览刊物，一边观察这个摊点中卖出产品的厂家和数量。我从 4 点

40分一直观察到 5 点 30 分，这五十分钟内共卖出 16 份，其中有 2 份是我们企业的产品。接着，我又到市区内两个摊点进行观察。当天 6 点 50 分，我在太原市迎泽大街边的一个小饭馆匆匆吃了一大碗牛肉面后，又赶往太原的两个较大的超市："好有多"和"京客隆"，观察超市内货架上同类产品的销售情况。我在两个超市内共停留了 2 个小时。"好有多"超市在 40 分钟内共销售 11 份，其中有 2 份是我们的产品；"京客隆"超市在 30 分钟内共销售 9 份，其中我们的产品 2 份。考察完太原市场后，我乘长途汽车到达石家庄市，对河北市场进行考察。方法仍是与太原市的方法相同：在一定时间内看一个售点卖了多少份同类产品，其中有多少是我们的。……在兰州市场，我在超市观察，在批发市场了解，在经销商的库房观察出货，跟着二级批发商给零售点送货，观察消费者购买产品时的关注点和对我们企业产品的反应，观察消费者选购产品时的时间长短……

③ 访问法　作为生产企业，可以直接向经销商、乃至超市、商场了解食品的销售形势。经销商、超市、商场都有自己的销售统计数据，在总的商品品种中选择出销售额排名靠前的 20% 的品种作为畅销商品。尽管他们不会提供详细的资料，但大致情况可以了解到。

由于畅销食品具有鲜明的季节性特点，加上消费需求和供货因素的不确定性，畅销食品并不是一成不变的，而是不断变化的，所以辨识了的畅销食品情况还应根据变化调整。

三、 畅销食品的良性循环

畅销食品具有资源整合能力，在企业内外形成互动，从而进入良性循环。

1. 企业外的变化

一个产品一旦在市场上打出了知名度，有了一定的消费基础，那么产品的铺货、回货、促销、动销等各个环节都会十分顺畅。

对于经销商和商场、超市来说，畅销商品在超市经营中占有绝对的地位，是管理的重点，为了使畅销商品真正畅销起来，不缺货，对畅销商品会做到：优先采购、优先存储、优先配送、优先上架、优先促销、优先结算。在终端陈列时，会调整在货架上的段位，增加陈列的排面。这样，商场愿意推销，消费者愿意接受，就形成销售的良性循环。

2. 企业内的变化

在生产企业内部，畅销品会带来相应的变化，以利于企业整合资源，再上一个台阶。通常的变化有：

① 产品改良化。在畅销品进入成熟期后，需要适时对产品进行改良，从而增加产品的畅销时间，变畅销为长销。产品改良化的内容包括：一是产品规格调整，二是产品口感性能多样化。

② 产品集群化，主要是指产品的档次配比设置要科学与合理，系列化地组成

一个畅销产品集群。

③ 推出新品项，主要是指产品的升级换代，即同一产品类型的内在价值和外在价值提升。

④ 提炼新卖点，即通过改良的方式，不断地提炼产品新的卖点，从而让产品有新的宣传点和增长点。

通过这些操作，不断寻找到畅销品新的增长点和突破点，让市场能够长盛不衰。

第二节　畅销榜的查询

任何一个大平台都有相关的指数搜索，可以看清行业市场趋向。畅销食品排行榜，我们建议使用阿里指数。

一、阿里指数

阿里指数是根据阿里巴巴网站每日运营的基本数据，包括每天网站浏览量、每天浏览的人次、每天新增供求信息数、新增公司数和产品数这5项指标统计计算得出的一个数据。

这一数字是经过准确地 SPSS 统计分析得来的，通过这一数据可以反映阿里巴巴网站信息更新和往来的一个基本情况，综合其他数据分析更加能够得出网站交易的一个活跃程度。

阿里指数定位于"观市场"的数据分析平台，旨在为中小企业用户、业界媒体、市场研究人员，了解市场行情、查看热门行业、分析用户群体、研究产业基地等。

二、查询内容

进入阿里指数官网 https：//index.1688.com/，在阿里指数搜索框里输入你想要查询的产品关键词，点击"查询"。

查询到的食品类别有：保健食品、饼干膨化、茶叶、成人奶粉、冲调饮品、传统滋补品、蜂产品、糕点点心、固态乳制品、果冻布丁、果干蜜饯、即食豆制品、坚果炒货、酒类、冷饮、普通膳食营养补充剂、其他休闲食品、巧克力、肉类零食、软饮料、食品饮料代理加盟、水产零食、糖果、液体乳、婴幼儿辅食、婴幼儿零食、婴幼儿配方奶粉。

目前查询的内容包括四项，如图1-2所示。另外，专题报告、供应商素描等内容还需要上线，值得期待。

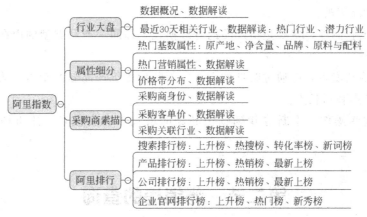

图 1-2　阿里指数的内容

第三节　畅销背后的逻辑

在外行看来，畅销食品设计非常神秘，其实质只是"发散性＋逻辑性"思维活动的结果。一个新产品的成功，一定有它内在的最核心的成功逻辑。对此的解读，不能停留在普通层面，必须进行深度的剖析。我们一步步来解读它，如图 1-3 所示。

图 1-3　畅销背后的逻辑之内容

一、普通的解读→同维度竞争

对畅销食品进行普通的解读，往往局限于基础层面，也就是进入市场的资格。这是必须达到的基本要求。这样的认识过于简单，结果往往陷入同维度的竞争。

1. 普通的解读

畅销食品一般是指商品的质量、数量、品种、价格等都能满足消费者需要，而且销售数量大，交易次数多的食品。表现为两个方面：一是产品的自然性品质，二是消费者的心理性品质。归结起来，它的基本特点主要有：美味可口，满足需求；质量可靠，价格合理；品种对路，顺应潮流。

（1）美味可口，满足需求

消费者对食品的要求是：健康、安全、营养、美味。人们对食品的需求不再单单只是为了生存，而是对食品风味的需求越来越高，对口味的需求越来越多元化。美味是大多数食品被选择的因素，同样的食品，就因为好吃和不好吃之间的区别，导致品牌的差距巨大，美味是实现消费者认可的前提，是消费者重复购买的重要因素。

（2）质量可靠，价格合理

随着人们生活水平的提高，对商品质量的要求也越来越苛刻，"不怕不识货，就怕货比货"，同类产品质量更胜一筹的自然容易获得消费者青睐。产品是一种有形、有色、有名称、有商标、有包装的物品。它的价值不只是"物理价值"，还包括它的"心理价值"，后者也需要重视。

价格是最为敏感的经济信号。消费者都喜欢性价比高的东西，但是并非都是越低廉越畅销。例如，与国产奶粉相比，进口奶粉价格较高，但销售却很好，而国产奶粉价格虽低，但销售却不令人满意。

（3）品种对路，顺应潮流

所谓品种对路，就是指产品的品种适销对路。顺应潮流，就是顺应社会变化或发展的趋势。要想满足市场需求，首先要了解消费者的需求，开发真正适合消费者需求的产品。例如，由于年轻一代生活方式的变化，在厨房简单化、时尚化和户外运动、休闲旅游等方面，食品行业正迎来"厨房市场"、"背包市场"、"后备厢市场"等历史机遇。着眼于未来需求，包括食品工业在内的制造流通产业的新概念、新业态和新模式不断涌现，将会带来消费需求和方式上更多的变革。

2. 同维度竞争

同维度竞争是大家都走向盲端了，无法脱围，就会形成红海。

同质化严重、市场饱和，随着市场空间越来越拥挤，利润和增长的前途也就越来越黯淡。出现的红海是血腥的。各竞争者打得头破血流，招招见红，残酷的竞争让市场变得鲜血淋漓。

红海的游戏规则就是弱肉强食，生存不再是唯一的目的，更重要的目标是：打败对手，讲究的是一剑封喉。

于是掀起低价竞争，打价格战，这将导致利润急剧下降。低价竞争，俗称"三死"：把同行"饿死"、把自己"累死"、把客户"坑死"！把同行"饿死"，是市场被扰乱，同行不搞低价，就接不到订单，直接"饿死"；把自己"累死"，是做低价订单，辛辛苦苦干一年，到头来就剩下仨瓜俩枣；把客户"坑死"，是你一味低价，就没有好产品，客户以为占了个大便宜，殊不知最该哭的是自己。把价格做烂了，自己也可能离"死"不远了。

二、进化的启示：主流衰丧，异端兴起

如何脱围，我们由生物进化得到启示。

过去认为，生物进化都是从低等生物开始的，阶梯式地，从一个物种进化到另

一个物种。

后来发现不是这样，一个物种一旦形成，永远不会改变，直到整个物种灭绝，走向盲端，也就是死路。新物种并不是原有物种的转变，而是原有物种的异端和侧枝自己生长出来的。

例如，人类祖先是鱼类，这个物种自 5 亿年以来没有发生太大的变化。但鱼有一个侧枝演变成一个爬行动物，其中最主流的是恐龙，生存了 1.6 亿年，直到整个物种灭绝，也没有发生重大变化。爬行动物里有一个侧枝进化出了哺乳动物，在人类诞生之前，90% 以上的哺乳动物都灭绝了。哺乳动物里比较高级的一支叫灵长类，灵长类的一个侧枝变成了直立人，生存了 300 万年后灭绝。现在的智人仅仅诞生于不到 20 万年之前。如图 1-4 所示。

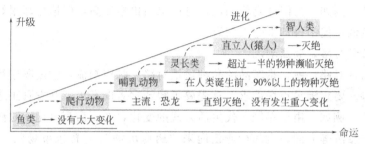

图 1-4　从鱼到人的进化

所以你会看到，物种从形成到灭绝，永远不会改变，直至走向盲端，然后一个侧枝会变成新的物种。这就是侧枝盲端。

为什么物种会灭绝？有人说，因为物种能力下降，不能适应环境了。恰恰相反，每个物种到后期，能力不降反升，能力越强，基因相似度越高。然而，生物进化的动力是一种自然的选择，自然选择的前提是个体差异，如果个体是一致的，进化停止，就会灭绝。因此，能力上升，将物种固化在原有的通道里，是物种灭绝的原因所在。

有趣的是，商业上的创新和侧枝盲端惊人一致——主流衰丧、异端兴起。

每个人都喜欢成为主流，但你要记住，任何一个公司、一个行业，一旦开始进入主流，就是你开始衰落的时候。一切有前途的新生事物，都是起源于异端。

三、实施的原则：与其更好，不如不同

太多人、太多公司，都做着看似正确实则错误的"与其更好"，别人做得好，我也一样可以做好，而且一定会比他更好，不停止地模仿别人，使用相同的套路打法，期望着能够超越竞争对手。其实领先的企业有很大的优势，它过去的积累会发挥作用，雪球越滚越大，是很难超越的。

能够超越第一名的，通常都不是老二或老三，因为排在第一后面的那些选手，太关注老大的动作，基本上忽略了自己。如果你走的套路、打法还是跟对手一样的

话，你是根本无法超越的，因为你在梦想着"与其更好"，而不是想着"如何不同"。

要想跑赢巨头，最好的策略就是：不在一条赛道上跟对手赛跑，而是努力成为新赛道上的巨头。

20世纪90年代，娃哈哈与乐百氏的果奶大战是典型的案例。娃哈哈是果奶市场的后进者，1994年，娃哈哈推出了6种口味的系列果奶，6瓶果奶为一封，一字排开，占去一大片的零售空间，乐百氏被打了个措手不及，第一次在市场上被娃哈哈压了一头。1995年，乐百氏突发奇招，针对少年儿童钙质摄入不足的问题，率先推出以儿童补钙为目的的乐百氏钙奶，一举夺回了市场的主动权。第二年，娃哈哈推出了AD钙奶，推广理念是"维护健康和营养平衡，更有利于钙质的吸收"。1998年，乐百氏又出奇招，推出"健康快车"乳酸奶，它的概念是：AD钙奶加双歧因子，国家"八五"重点科研攻关成果，取得国家卫生部签发的保健食品证书。为了应战，娃哈哈则推出200mL大容量AD钙奶，在价格不变的前提下，以容量增多来吸引目光。1999年，乐百氏也顺势推出同类大容量钙奶，并一口气开发出了旋风钙奶、粒粒果钙奶等系列产品。而娃哈哈则又在营养成分上继续加力，推出了新一代的娃哈哈铁锌钙奶。

这样你来我往、乐此不疲的概念大战在营销上起到了三个作用：①概念的创造，便意味着市场话语权的拥有；②快速的概念更替，使市场始终处于一种兴奋的状态，消费深度和空间均被拓展，果奶产品的半衰期被一再推迟；③概念大战使得其他果奶公司疲于奔命，最终因无利可图而纷纷退出战场。

四、实现的路径：一个流程，模式呈现

传统的设计，更多的集中于设计者的经验、感觉、灵感、直觉。随着科学技术的发展以及人们大量的实践活动，已经有规律性的东西呈现出来。

设计有法，贵在得法。只要我们抓住最本质的规律，把握方向，大胆创新，就能设计出好的作品来，市场也能很快接受，加上科学运作，最终就能成畅销产品。实现的路径如图1-5所示。

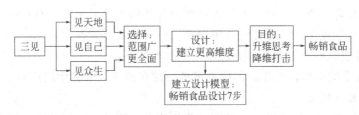

图1-5　路径的内容

五、三见的视野：见天地、见自己、见众生

电影《一代宗师》中宫二小姐说，习武之人有三个阶段：见自己，见天地，见

众生。这是人生的心路历程——从"我"走向"天地"，最终抵达"众生"。不仅习武之人有这三个阶段，其实人生也大致如此；产品设计也大致如此，但产品首先要生存，容身于天地，因此其顺序为：见天地、见自己、见众生——在"天地"之间，"我"抵达"众生"。

我们认为，这个"三见"是宏观的思考维度，这三个维度是有机整合、融为一体的（如图1-6）。以三见的视野看世界，就是全面完整地把控思维工具，获得全面完整的信息，把控大方向，建立对产品的全局把控能力，得出正确的结论。

图 1-6　三见的视野

你用什么样的眼光看世界，就会收获一个什么样的世界。如果我们的眼光有问题，就会在头脑中形成严重的思维盲区，往往会犯一些低级的常识性错误。

1. 见天地

就是知道天地、知道高低，心中有大格局，眼中有大视野。这需要在激烈的竞争中看待产品的生死，在潮起潮落的过程中悟出道来，向死而生，才能有成长和新生。

从市场的视角来看，主要看四个方面：

（1）看容量

市场容量相当于需求量。有市场容量，就可以拉动企业发展；没有市场容量，就蕴藏着巨大风险。

（2）看对手

竞争对手是指在本行业中，拥有与你相同或相似资源，并且目标与你相同，产生的行为会给你带来一定的利益影响，称为你的竞争对手。

在同业竞争中有许多的竞争者参与竞争，然而对于一个资源有限的企业来说，不可能把同行业中所有的竞争参与者都作为自己的竞争对手。只有那些有能力与你的企业相抗衡的竞争者才是你的竞争对手。看对手主要看两点：

① 看对手的市场份额有多大，即所占市场多寡；

② 看对手的市场占有率，即所占市场份额在市场总容量中的比重。

（3）看相关行业

看相关行业，基于两点：一是有一些规律是相通的，可以共用；二是彼此进入对方市场的壁垒比较低，一旦有合适的机会，彼此就有可能进入对方的行业，在同一市场中展开激烈竞争。

（4）看变化

滚滚长江东逝水，浪花淘尽英雄。市场是流动的，人们的品位在变，生活习惯、消费心理在变，要避免纯粹属于主观或拍脑袋想当然的心理，了解消费者不断变化的需求和愿望，才能在市场中生存、发展。

2. 见自己

自恋是常见的毛病，自己的产品就是自己的成果，付出的艰辛总是刻骨铭心，所以谈起自己的产品时，往往津津乐道，喜形于色。但是付出的艰辛是否有价值，由市场决定；如果在市场上转一圈，这种产品不是没看到就是没听到，那它就没有市场，不能称为商品，最后的结局只能是静悄悄地沉没，静悄悄地消失。

因此要把自己放进市场的大环境中去看，从而产生清醒的认识：①看自己的市场份额有多大，即所占市场多少；②看自己的市场占有率，即所占市场份额在市场总容量中的比重。

把自己困在一个环境里待久了，就可能故步自封而不自知；需要给自己一些新的压力、刺激自己获得清醒的认知。

见自己就是了解自身，懂得自省，知道自己的能力、局限、努力方向。正确地看待自己，处于哪个层次，了解自己的短板和优势，掌握实情，正确定位，谋求发展。知道自己的短处就努力去弥补，发现自己的长处就尽力去发扬。

任何企业要想获得持久的竞争力，都离不开企业自身强大的创新能力；在每次产业结构调整或技术升级之后，能够留下来的企业，都是具有创新能力的企业。只有重视创新，提升自主创新能力，以创新增强自己的核心竞争力，才能使企业在竞争日益激烈的市场中脱颖而出。

3. 见众生

见众生，就是以众生心为我心，两者合二为一，众生需要，我也需要。即以顾客为中心，提升客户体验。

美国营销大师爱玛·赫伊拉曾说："不要卖牛排，要卖煎牛排的嗞嗞声。"嗞嗞声是一种刺激；颜色是视觉的刺激，声音是听觉的刺激，味道是味觉的刺激，手感是触觉的刺激，感受是体验的刺激，刺激在你的营销中，无处不在，刺激能够带来积极的影响，在意识空间树立制高点。谁能在意识空间中胜出，在现实空间中就可以占据绝对优势。

日本全面质量管理（TQM）专家司马正次提出鱼缸理论：发现客户最本质的需求。鱼缸就象征着企业所面对的经营环境，而鱼就是目标客户。经营者要做的就是先跳进鱼缸，实际深入到用户所处的环境，接触那些用户，学着和鱼儿一起游泳，了解他们所处的环境与他们的真正体验，以此作为一个客户对产品的需求。然后，跳出鱼缸，站到一个相对更高更广的环境中，重新审视分析客户状况，以发现他们最本质的需求。

在研发过程中首先要界定好目标消费者，洞察目标消费心态，从消费者需求中寻找产品概念并落实到产品设计中，如此则产品推向市场的时候，形成刺激与体验，让消费者留下感受、留下印象，口碑传播会让产品畅销水到渠成。

六、维度的指向：升维思考，降维打击

"维度"是"维"和"度"的复合词，指对影响事物重要方面的衡量尺度。维度的指向是建立高维度的竞争优势，实现"升维思考，降维打击"，形成畅销食品。

1. 升维思考

升维思考是一个谋局过程，目的是提高自己的核心竞争力；当你升高一个维度后，你就开创了一个新的领域。"升维"带来的不是量变，而是质变；不是简单的升级，而是直接跳跃到了另一个"时空"。如图1-7所示。

图 1-7　升维的层次

高维度带来的是"上帝视野"。上帝视野也称万能视野，字面意思为上帝一眼就能看清世界上的任何事。在电影中，有一种从上而下俯视一切的镜头被称为上帝视野。

和"上帝视野"相对应的是"凡人视野"，它是指我们眼里的世界支离破碎，紊乱无序。在大部分情况下，我们看不到一个事件的开始和结束，只能看到一团乱麻。

华为的一位高管说：站在现在看未来，充满迷惑，而站在未来看现在，这里到处都是机遇。

我们置身的时代，是一个创新的时代。能束缚我们的，只有主观因素；能击倒我们的，也只有思路、眼界、观念、决心上的局限。放飞思路的翅膀、激越胆识的能量，崭新未来才会映入眼帘。这需要我们打破旧习惯、旧思维，抛弃过去的规则和惯性，迎接新的挑战和变革。站在一个更高的维度看问题，整合已有的资源，利用不在同一竞争层面、高于同行业竞争者的技术，创新模式，取长补短，旁通汇贯，为我所用，想方设法地提升自己的水平。

如果你不能成为行业第一，最好细分创建一个新品类，成为这个品类的第一。这个新品类就是新维度。例如，娃哈哈营养快线对其品类的诠释为牛奶加果汁，通过这个创新，营养快线为娃哈哈每年贡献近30亿元的销售。盼盼法式小面包创新面包品类"法式小面包"，独享品类龙头利益，单月销售额逾1亿元。伴随三辉等品牌的跟进，使"法式小面包"演进成为一个产业。

2. 降维打击

"降维打击"的概念最早出现在一部名为《三体》的科幻小说中，说的是系外

高等文明使用一种叫作"二向箔"的武器将太阳系从三维降到二维，以毁灭包括地球在内的所有太阳系文明。

新的维度、高的维度、"上帝的维度"、未来的世界——它们对于传统的、从前的、旧的一切的完全打击与覆盖。这是关键。这是赢家通吃，一网打尽。

降维打击是一种"上帝视野"，居高临下，这种攻击不在一个层面上，面对这种打击几乎没有任何还手之力。

这种全新的商业观念，将带领我们进入一个全新的美丽世界。提升自己的竞争维度，是提升自己竞争力的一个很好的策略。寻找一个有价值的维度，在这个维度中拉开概念的层次，对手和你就根本不在一个跑道上。将不平等最大化，就能够收到奇效。即使原来体量和规模都不具优势的企业，借助新维度的优势，有了可以挑战强敌的机会，从而实现以小博大、以弱胜强的竞争结果。

第四节　畅销食品设计 7 步概述

一、设计模式

通过前面的分析，我们从"三见"出发，提出了畅销食品设计 7 步的模式，如图 1-8 所示。这个模式可以解决设计工作中的问题，每项设计都有相应的原理和操作方案来与之对应，并有案例予以帮助解读。"7 步"设计模式是一种指导，有助于我们完成设计任务，提高效率，达到事半功倍的效果。

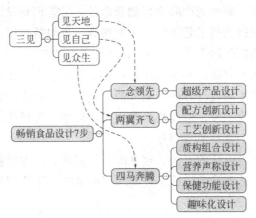

图 1-8　"三见"与畅销食品设计 7 步模式

二、一念领先

在这里，我们记住三个有关"一念"的词：

① 一念相应：指依据与刹那之间一念相应的智慧，顿时开悟；

② 一念一世界：指不同的参悟，就有不同的世界；

③一念发动即是行：指这个念头决定了我们如何思考、如何选择以及如何行事，并且得到相应的结果；这是一个放大的过程，一个很小的东西里面，又是一个无际的宇宙。

所以说，"一念"这个念头很重要，起着定位作用。《易经》有云："取法乎上，得乎其中，取法乎中，得乎其下。"甘于平庸是走向堕落的开始。我们说一念领先，就是要追求卓越，争创一流，指向就是超级产品设计。

超级产品通常是单品，它是一款可以拿走全行业最高利润的产品，是一款可以一年做到 10 个亿销售额、同时具备低成本的产品。超级产品体现的是赢家通吃，就是市场竞争的最后胜利者获得所有的或绝大部分的市场份额，而失败者往往被淘汰出市场而无法生存。

超级产品只是一个名字，但是通过它，我们能够认识到应该做些什么，怎么着力，为未来找到获胜基因。

第二章围绕着它讲述了：什么是超级产品、超级产品的逻辑、超级产品的设计方法、超级产品的跨界设计。

三、两翼齐飞

产品开发过程的核心是配方设计和工艺设计。配方设计解决做什么的问题，工艺设计解决怎样做的问题。

两翼齐飞是指配方创新设计和工艺创新设计。配方创新设计，指创造某种新产品的配方，或是对某一新或老产品进行创新设计。工艺创新设计，指设计并采用某种新的加工方法，创造新的工艺过程、工艺参数，也包括改进或革新原有的工艺条件。两者是同一个问题的两个面。

两翼齐飞就是技术创新，它不仅仅是设计结果的创新，而是以创新为目的全部设计活动，包括所采用的设计方法及相应的方法论。它的重点在于，以设计思维为指导，以继承、借鉴为手段，形成技术路线图，以创新为目的，打破传统的思维瓶颈，建立竞争优势，创造新的盈利点。

第三章讲述了配方设计的方法、建立配方知识库、配方创新的方法。

第四章讲述了工艺设计的方法、创新知识的来源、工艺创新的方法。

四、四马奔腾

四马奔腾是指通过质构组合设计、营养声称设计、保健功能设计、趣味化设计，形成差异化的定位、清晰的卖点，具有震撼力和感染力，从众多的产品中脱颖而出。

1. 质构组合设计

就是以实现产品的创新为目的，围绕消费者的感受，调整产品组成结构的要素，以不同的质构作为道具，优化组合，使其具有一个更加高效、合理的结构，创造出特殊的体验。

这种组合往往带来陌生的新鲜感，独特的令人惊叹，触动内心，这种的感觉发生在消费者心灵的深层，在心里对产品重新定义。

第五章讲述了质构组合设计的原理和举例，举例为果粒悬浮饮料、气（喷）雾产品，它们是固-液组合、固-气组合、气-液组合的代表。

2. 营养声称设计

营养声称是指陈述、说明或暗示食品具有特殊的营养益处，如"无糖""低盐""低糖""低脂"和"高纤维""高钙"，等等。科学合理的声称，就像插在食品上面的旗帜，高高飘扬，引人注目，由此影响顾客的消费选择。

营养声称方式包括：含量声称方式26种，比较声称方式10种，这是企业可选择的范围。

第六章讲述了营养声称的设计原理和两极产品的设计。两极是指营养素含量的两极：不含类（无）和富含类（高）。这两极产品的设计具有代表性，一加一减，是两种倾向的设计，其他声称都是这两种的程度减轻而已。

3. 保健功能设计

保健功能设计，就是以食品的基本功能为基础，附加上特定功能，使之成为保健食品。这就拉高了一个层次，和一般食品分隔开来。

保健声称就成为它引导消费的工具，而一般食品不能声称保健功能，否则就是违法。这就形成了高低不同的两个层次，以高打低就容易了。

第七章讲述了保健功能设计的基本概念、配方设计、标准制定、设计评审和产品评审。设计举例为市场中两类热门的产品：增强骨密度功能产品的设计、增强免疫功能产品的设计。

4. 趣味化设计

趣味化设计，就是通过感官、情感、心理等方面的刺激，调动人体感知系统，突破传统的表达方式，给人们带来截然不同的新奇感受，产生兴奋、满足和美的享受，激发顾客的购买欲。

第八章讲述了趣味化设计的原理，举例为：成像印刷、裱花、3D打印。成像印刷是将任意图片百分之百地重现在食品上，让产品在感官上更具魔力；裱花食品是绘画、造型艺术相结合的产物，集食用性与观赏性于一体；3D打印是用3D打印机将食品打印出来，它使用的"墨水"是实实在在的原材料，打印出的食品形式多种多样。

第二章
超级产品设计

Chapter 02

超级产品是一款可以拿走全行业最高利润的产品，是一款可以一年做到 10 个亿甚至更多销售额的产品。

回归产品，聚焦产品，把打造超级产品作为突围的核心战略，今天的小企业就会变成明天的大品牌。

- 产品逻辑：谋局，产品内核，价值设计，引爆流行
- 设计方法：品类创新，极化、锐化，突破禁忌，跨界设计
- 设计举例：细说跨界设计并举例

市场风云变幻，硝烟弥漫，如何迅速突围、胜出，这是永远的课题。

设计是一个内涵很丰富的概念，企业之间，各具特色，路线迥异，差距明显。起起落落之中，总会有超级产品出现。从差异化出发，充分洞察消费者的潜在需求，追求个性的张扬，让人耳目一新，给人以震撼。就像炸雷一样，激起市场的强烈反应；如秋风扫落叶，席卷市场；如异军突起的黑马，一骑绝尘，把竞争品牌远远甩在后面。

身在市场，思想在飞翔，就是为了一石击起千层浪。超级产品就像尖刀般撕开市场的缺口，即使在一个被围得密不透风的市场，也能用尖刀冲破屏障，抵达消费者的身旁。如小米创始人雷军所说："做出让用户尖叫的产品，把自己逼疯、把对手逼死。"只有第一，没有第二。

超级产品只是一个名字，但是通过它，我们能够认识到应该做些什么，怎么着力，为未来找到获胜基因。超级产品设计的内容如图 2-1 所示。

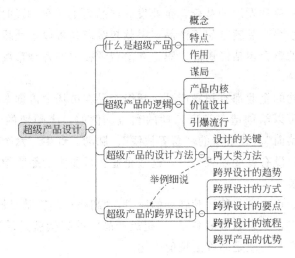

图 2-1　超级产品设计的内容

第一节　什么是超级产品

一、概念

超级产品通常是单品，它是一款可以拿走全行业最高利润的产品，是一款可以一年做到 10 个亿甚至更多销售额的产品。

二、特点

超级产品通常具有三个特点：

第一，超级产品是在市场处于领先的产品，是规模巨大的产品，是一个能够产生巨大销量的产品；其本身可以有系列产品，但是消费者只接受这一个，不接受其他系列产品。比如茅台80%～90%的销量来源于53度飞天茅台，五粮液的大部分销量也来源于52度普通五粮液。

第二，超级产品是企业发展的重量级产品，是在企业收入增长贡献中发挥越来越重要作用的产品，也是企业一定要集中资源发展的产品；所以，超级产品能够代表主品牌，融合主品牌的核心灵魂，作为品牌精神的代言和承载。

第三，价格定位明确，并且比较突出。

第四，超级产品是适应时代的产品，不是一成不变的，会根据客户需求而变化。

三、作用

产品是企业生存和发展的基础，企业发展产品为王。在一段时间内能支撑企业持续健康发展的强势产品就是超级产品。一款超级产品可以迅速拔高企业的市场地位，可以强有力的整合包括经销商、舆论和消费者在内的各种市场资源，可以帮助企业迅速抢占市场。

几乎每个成功的企业都有超级产品。超级产品在市场中占据垄断地位，产品既让大众受益，又可以给创造者带来长期的利益。例如，康师傅的"红烧牛肉面"、统一的"老坛酸菜面"、娃哈哈的"营养快线"、脉动、红牛、六个核桃……都是超级产品。可以说，没有这些超级产品，这些企业在行业中的品牌地位难以确立，企业也难以持续发展。

如果你的企业正进入品牌运营转型的阶段，"超级产品"就是链接用户的武器、业绩增长的着力点，就是品牌的利益。"超级产品"的架构就是品牌架构的实际落地，单个"超级产品"就是品牌定位的表达。

第二节　超级产品的逻辑

回归产品，聚焦产品，把打造超级产品作为突围的核心战略，今天的小企业就会变成明天的大品牌。这是一个充满奇迹的时代，一次富有创意的行动，就能大大改变格局。

一、谋局

市场变化带来的洗牌速度不断地加剧，对于这种冲击，应该站在另一个高度来看待。

我们经常会听到这样的一些名词概念：布局、破局和搅局。这种思考旨在揭示如何把握风云变幻的局势。企业经营是没有终点的旅程，在这个过程中，需要时时控局。

谋略，是中国智慧的典范；而"局"，则是谋略的完整过程。在谋略论里，一个谋略的局产生于设谋者单方面的设计。

对于后进者，想在已有的市场格局中脱颖而出，就必须破局，所谓不破不立。所谓破局，就是在对局过程中寻找克敌制胜的方法，打破对峙局面，以求进入"收官"阶段。

破局很多时候需要"搅局"，水至清则无鱼，搅局的过程就是迷惑对手，使局势对自己更有利。最怕的是企业陷入"僵局"或者"困局"而无法自拔，甚至越陷越深。

任何一个市场，都是由不成熟走向成熟，往往会不断地在"破"与"立"中演变，最终会形成一种成熟市场的既有秩序。秩序一旦形成，就会成为后进者的进入壁垒，没有超强的智慧，往往很难打破。

但对于一个有野心、有企图心的后来者而言，若要"后来居上"，则必须"破坏"整个行业的原有结构或者秩序，即做一个行业的搅局者，以促进行业洗牌，迫使部分企业淘汰出局，然后乱中取胜，抢夺行业话语权，并以此为优势建立行业新秩序。

搅局者不是为了搅局而搅局，而是为了能够促进行业发展而搅局。搅局不是以"乱"为目的，乱是让对手乱，而不是让自己乱。当局面主动权在自己手中的时候，再搅局就是有害无益。

破局者必须要有大局观，要有详细周密的计划，像高超的棋手一般精心布局。如果草率从事可能会伤及自身，如果不能控制局面，掌握全局，那么前面所做的一切努力都将会付诸东流，甚至适得其反。

破局者必须积极寻找各种机会。需要破的局有很多种，可以从行业角度，也可以从品类角度，还可以从终端环节，甚至还可以从管理上破局。总之，局无定式，破无定法，只是操作的人最为关键。

我们以江小白为例来说明。

我国的白酒行业是大行业，年产值有4200多亿，其中年销售超过100亿、200亿的大企业很多。行业运作的思路基本是大投入宣传费用、大品牌传播、大的整合营销，高端大气上档次，传统酒业中99%的企业都是这样运作。要想在这样大企业林立的传统行业里突围，就必须找到自己的优势，并且一定要有足够的创新。

留在上世纪五六十年代的中年人心中的"江津老白干"，在顺应青年人喜爱萌酷的新风潮中，重焕新生并再度进入人们的视野。只不过这次它叫江小白。

江小白的定位人群主要以年轻人为主，为了满足年轻消费者，江小白技术团队进行了大量的调研，在酒体方面做了很大的调整和改进。中国白酒以往最低的度数是35度左右，江小白突破了底线做到了25度，打造出口感更加轻松的轻口味白酒。它用纯高粱酿造出单一高粱型白酒，酒体接近伏特加，成为中国白酒中真正能用作调制鸡尾酒的一种基酒。

它为消费者提供多达 108 种时尚的喝法，冰块、冰红茶、绿茶、红牛、牛奶、咖啡等都可以单独或混合与江小白搭配，调成自己喜欢的口味。例如，江小白加点红牛饮料，戏称"小白放牛"；江小白兑点冰红茶，美其名曰为"午后阳光"；江小白加点鲜牛奶，就是彻底的"白富美"啦。产品口味和调制方式的改变，迎合了80后、90后年轻人的消费时尚。

江小白品牌入市时，定位是做小：小瓶酒、小投入、小传播、小营销。

海量、单品、微利，这三个互联网产品特点，也是江小白的特点。江小白的产品价格定得比较低，一般不超过 100 元，却在成本结构上做足了文章。江小白只有一支单品，三种不同容量的规格瓶装，产品线简单，更能突出集约效率。它没有包装盒，全是简简单单的光瓶酒。销售只有一级渠道，稍偏远的地区有两级渠道，最多也就是有个分销商，这样就砍去了中间渠道的层层代理与层层加价。

江小白善于利用互联网宣传自己，充分利用微博、微信、贴吧、论坛等，探索出了一条行之有效的营销策略。目前，江小白的新浪官方微博@江小白，已经聚集了超过 18 万名粉丝。在微信传播平台上，江小白借助微信公众平台创建微信公众号，还运营专属于江小白的"小白哥"微信私人账号，让"小白哥"不再仅仅局限于品牌信息的推送，而是成为江小白"微信粉丝"的真正朋友，成为"微信粉丝"的聊天对象。

江小白的产品 2012 年 3 月份在成都的春季糖酒会上推出后遭到同行质疑，说白酒怎么能是这个样子？但是就在 2013 年，江小白在白酒行业同质化、一派低迷的情况下，销售异常火爆，"出道"一年就卖到了 5000 万元。初出茅庐的江小白就成为白酒行业的新星，成为年轻化白酒第一品牌。

二、产品内核

产品是企业的核心命脉，没有锐利的产品，就不可能切割出属于自己的市场；尤其在当今，商业超级发达，新产品层出不穷，在通往消费者的路上，拥挤不堪。市场是消费者给予的，如何打造超级产品，吸引消费者、黏合消费者，是企业营销战略内容的重中之重。

产品是整个营销系统的驱动引擎，而这个引擎的两极内核则是需求和体验。对此，我们要善于辨别感知和真相之间的差异，在此基础上提炼，形成独特的卖点。

1. 需求

前端一极必须以满足需求为前提，这是产品存在的基础，构成了产品的价值概念。

企业不仅要市场驱动，还要驱动市场。满足客户需求是平庸公司所为，引导客户需求才是高手之道，因此，必须以敏锐的市场洞察力为基础，充分把握市场的发展趋势和消费者的潜在需求。

需求空白，衍生出超级产品创新；超级产品创新，需要一个品类概念来指代。

发现新品类，并从中挖掘新品类的消费者心智资源；有了品类创新，为新品类创造一个恰当的品类概念，让品类概念化、口语化，是大单级产品能否有效切分市场的重要一步。如果你无法用简洁易懂的语言定义这个新品类，这个新品类就不可能获得成功。欢乐家生榨椰汁，在椰子汁中牢牢地构建了"生榨"概念，并推动椰汁的亚品类二次升级发展。

2. 体验

后端一极在产品呈现及运用上，充分发挥眼、耳、口、鼻、舌、身、意的感官，让消费者产生良好的产品体验，这是产品实现消费的黏合之道。

感官体验，顾名思义，就是通过眼、耳、鼻、口、手这五大感官给消费者带来的视觉、听觉、嗅觉、味觉和触觉上的体验和感受。五官的感受是最直接的刺激，能充分调动消费者的感性基因，进而影响购买决策。感官为我们提供一条快捷通路，迅速通往消费者的内心。

食品已进入味蕾识别的时代，味蕾同记忆和情感紧密相联，品牌已具象为一串美妙的感觉存在于消费者的记忆之中。为顾客提供良好的产品体验，将会改变并培养顾客的行为习惯。

描绘体验，有一个词：畅感。畅感的英文是 Elow，也有人译成畅流，或就叫畅。它是一个行为学名词，1977 年由美国著名的心理学家 Csikszentmihalyi 提出，它指的是一种心理感受状态，类似于中文里的"沉浸其中""沉迷"和"投入"。在畅感状态下的人处于高度的内心愉悦，自我意识减退（接近忘乎所以），对当前所从事的活动十分专心，自我感觉"爽"，与活动事件完全融于一体。

无论你如何强调战略或运营效率的重要性，但事实上，所有企业取得成功的原因都是因为他们为客户提供了魅力难以抗拒的产品或服务。

所有做产品的人都说追求极致，结果做到的很少，很多人在极致之前，就妥协了。标榜自己是超级产品的背后，内容是支撑产品体验的基础。如果缺乏内容的支撑，"超级"也只能作为一种宣传口号罢了，会被顾客吐槽，满地鸡毛。

3. 独特

同质化产品的唯一出路在于差异化，但是差异化不是刻意求新，只需要在某一方面有所突破就能引起结果的完全不同。在此基础上提炼，形成独特的卖点，这是"聚焦资源"的核心突破。由此构建强势壁垒，先是产品传播的壁垒，久而久之就是品牌的壁垒，最后拥有"超级粉丝"。

回顾一下加多宝、王老吉凉茶的成功，就是缘于其塑造的独特的品牌价值，并与消费者所期待的消费价值存在高度契合。王老吉凉茶加上其"怕上火，就喝王老吉"的广告语成功地展现了其品牌个性，检验一下，其品牌能够给消费者带来的品牌联想完全是独特的、偏好的和强有力的，当人们产生消费需求时，自然而然地就会在大脑中反应出王老吉和怕上火。

古井贡酒提出了"年份原浆"的概念，并聚焦大量资源放大"年份原浆"概念，几年的时间，"古井贡酒年份原浆"的产品概念获得了广泛成功，形成了超强的附着力。

三、价值设计

对企业和设计师来讲，最重要的是设计出最完美的价值体系。需要花很多时间在选"赛道"上。

好设计，不仅仅是形式。一个产品，包含产品、营销、服务、品牌、推广等很多维度，因此需要系统的战略设计思维，将设计的价值最大化。如果设计决策只是基于其中某一个微观层面，必然对商业价值缺乏足够的驱动力。

好设计的前提是精准的商业洞悉。设计工作中，系统的调研和反复的思考先于设计，而思考源于我们对商业规律和本质的深刻理解。发现"问题"，然后把问题转换成"项目"是设计工作的起点。

对产品的极致追求是打造产品的基础，包括产品配方、标签、包装的选择，所有的内容都是元素和手段，用来和客户的情感需求互动。对每一个环节的极致追求，对每一个细节的死磕精神，只要最完美的呈现。以独有的形式，在第一眼就让消费者记住你、并形成良好的体验，是品牌在商业竞争中不可或缺的重要手段，产品通过一系列市场与传播活动变为品牌，从而形成品牌的专属故事和产品的 DNA。

在打造产品的过程中，无论遭遇什么样的环境，产品的本质属性和品类价值都没有改变，持续创新、持续创建用户价值都没有改变。对于超级产品的打造，抓住了品质满足、价值满足、个性满足这三个基本要素，这个产品的生命力就会更为持久。

例如，星巴克不是卖"咖啡"，而是出售"空间"；优乐美不是"奶茶"，而是"浪漫"。

同样是橙子，褚橙却成了众人眼中的"励志橙"，它做出了标准化，并让用户为文化价值和产品本身之外的东西买单。褚时健85年的跌宕人生，75岁再次创业，耕耘10载，结出累累橙果，从昔日"烟王"，变成今日"橙王"，这个强大的励志故事，让褚橙的流行变得理所当然。

四、引爆流行

1. 流行的潜规则

这个世界跟我们想象的并不一样，它看上去似乎雷打不动、无法改变，但只要你找准位置，轻轻一触，它就可能发生引爆，让你的产品像病毒一样快速传播和流行开来。

这个世界并不是循规蹈矩的，而是遵循以下流行潜规则：

① 任何观念、产品、信息和行为方式，都有可能像病毒一样地传播和流行开来。

② 巨大的传播效应都是由一个很小的变化引发的。

③以上两种变化都是剧变，而不是缓慢稳健地进行。

这是一个找准了风口，"猪"也能起飞的时代。

自马化腾向李克强总理提出"互联网＋"概念后，国内舆论迅速掀起了一股热潮，食品行业也不例外，"互联网＋食品"方兴未艾，书写新的传奇。例如，安徽芜湖市的三只松鼠——一家以卖坚果、干果为主的电商公司，其包装以松鼠的萌动形象为主，将目标锁定80后及90后人群。它的发展史是一串数字连起一条时间轴：5个人创立的公司，2012年6月19日上线，2012年11月11日卖出766万元销售额；到2014年11月11日，单日销售额达到1.09亿元，2014年全年销售额突破10亿元。

2. 引爆的法则

要想引爆一个产品，有三个法则：

① 活跃的因子　就是想要引爆一个话题或者是产品，要有一个比较活跃的因素才行，一个流行点。这个流行点可以影响很多人，可以是一个有影响力的人物，也可以是一个好的产品卖点。

② 传播的媒介　通过合适的媒介，才能有更大的传播效应。用各种手段去刺激调动大众的注意力，来关注产品。

互联网的发展、自媒体的发展打破了传统媒体主流的宣传方式。比如，自媒体可以将消费者划分一个个小的类别，打造一个个小的区域，更专业，更精准，所以自媒体的发展在信息的传播和消费者的聚拢上面大有可为。

③ 合适的环境　就是说你的产品是大家比较关心的事情，能引起大家的共鸣，市场容量要大。针对三大主要消费市场的人群，女人美丽，小孩聪明，老人健康，在这里面要挖掘一个流行点，就很容易引爆。

引爆一款产品要有一定的市场背景，也就是说这款产品市场要达到一定的规模。比如现在市场的美容、健康等行业都有一定的潜力，受众范围广，需求源源不断。

我们以爱洛饮料为例。在中国市场，运动和能量饮料市场的增长受益于人们与日俱增的运动健身兴趣。2015年，中国能量饮料的销量增长全球最快，年增长率高达25％，几乎是美国市场的4倍。越来越多的企业开始生产和销售能量饮料，王思聪也做了一款名叫"爱洛"的能量饮料。爱洛的生产企业为上海爱洛星食品有限公司，而王思聪是这家公司的股东。作为股东，王思聪利用其自身影响力，通过微博上拥有大量粉丝的博主、网红，制造话题并迅速炒热，有些话题一度登上热搜榜。由于很好地利用了上述的引爆法则，产品迅速红了，能否站稳脚跟，有待时间考验。

3. 流行的特征

衡量产品是不是很流行，可以归纳出几个明显的特征：

① 传染性　要有一定的话题性，大多数人比较关心的事情，这样才能成为人们的话题，一传十，十传百，很短的时间内就传播开了，就是说要有很强的传染性。

② 微创新大效果　就是通过很小的变化，可以产生巨大的效果，比如产品性能的一些差别，新的概念等。

③ 突变　引爆一个产品往往是不可调控，事情不是按照所有的计划逐渐推进，而是事情的发展到一个临界点突然之间引爆。

第三节　超级产品的设计方法

一、设计的关键

任何一个超级产品的产生，不是借由某一个环节而诞生的。任何一个超级产品的设计过程，也有多个关键节点。

1. 产品定义

定义你所在领域里目标客户所认为的最重要功能——为此，你需要做很多客户沟通工作——让它成为你价值主张的核心。

从消费者的定义、需求方式的定义、当代思潮的定义、消费者体验的定义、意见领袖的定义等多个维度去考虑，才能形成一个产品定义，而且必须是动态的定义。

2. 产品定型

产品定义之后，产品的开发过程，又和产品定义要进行动态性的互动。

产品开发的定型和产品定义之间，又要延伸出来，这个产品定型所荷载的意义在哪里，战略性诉求点借由哪些功能表达出来。

3. 回头追溯

而这些表达一旦荷载以后，我们又要反过来看，当初产品的定义、产品的定型等多个维度，和这次定义之间的关联性是什么，然后不断地反复这种循环，往后展开，再回过头来追溯。这样一个动态过程，构成了所谓超级产品的千层饼式互相轮动，像轮子一样相互促进。

二、两大类方法

两大类方法的内容如图 2-2 所示，是从两个角度来划分的，两者是相互交织的。

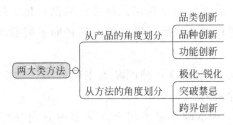

图 2-2　两大类方法的内容

1. 从产品的角度划分

包括三种方法：品类创新、品种创新、功能创新。其中，品类创新是打造出超级产品的主要方法，品种创新和功能创新是打造系列产品的常用方法。

（1）品类创新

"品类"角度下的市场，"品类→亚品类→产品细分"是最基本的逻辑链。例如，"硬糖→水果味硬糖→苹果味硬糖"，"阿胶→阿胶糕→玫瑰阿胶糕"等。这样的逻辑链排列组合，开枝散叶，最终形成一套基本的市场构架。

阿胶这个行业，在东阿、福胶两棵大树之下，可谓"寸草不生"。文化壁垒、技术壁垒、资金壁垒一应俱全，准入门槛就像一堵墙。但是有一个逆势而上的品牌，叫作"小玫"，号称"新派阿胶第一品牌"，没有按照这个逻辑性的产品细分，而是跨品类进行产品线规划。重点是，它所有的产品都指向一个属性——养颜食补，这就成为一个新品类。东阿、福胶虽大，但小玫和它们并不生存在同一纬度。

同理，伊利金典牛奶开发"有机奶"，可以说是一种新品类，但是他们接着开发脱脂有机奶或高钙有机奶，就不能算是新品类，只能算新产品。

品类创新就是从竞争的角度出发，努力将市场一分为二，从消费者心智的角度对产品进行切割分类，强力划出自己的市场领地，将对手逼向一侧，让出一条通道，实现难得的成长空间和时间。这就是资源弱势的一方面对强大竞争对手的最有效的竞争方式。

新产品≠新品类，一个新产品能否成为新品类，还是要取决于消费者的认知。如果消费者认为你是一个新的品类，与现有的品类有明显的差别，你就可以成为新品类。因此，新品类具有与老品类"平起平坐"的身份。从竞争的角度看，它要么广泛替代老品类，要么与老品类处于同等地位。

建立品牌最佳的做法就是开创和主导一个品类。大部分处于长期成功的品牌，一定是一个品类的开创者，至少是一个代表者。只要品牌能够代表一个品类，不管这个品类是有多小，都是非常有价值的。一旦你的企业代表不了任何品类，不管企业有多大，最终都难免会走向衰落。

（2）品种创新

现代企业产品创新可考虑从过去那种大批量、少品种向小批量、多品种方向发展。批量往往与品种相联系。一般说来，批量大，品种就少；批量小，品种相应就多。由于现代企业新产品开发速度很快，通常产品批量相对过去来说都趋于小，而品种发展十分迅速。现代企业产品开发从单一品种向系列品种发展，已成为越来越显著的发展趋势。

① 专门系列　它是指企业以一种产品为主或以某一功能为主，进行专门的系统开发，形成产品品种系列。

② 树型系列　以一种基础产品为树干，从多种方向进行产品开发，使新产品开发呈树型发展方向。

③ 并行系列　在新产品开发中，以两种或两种以上的骨干产品为主，几种产品同时进行系列开发，从而形成几种产品系列并行状态。

④ 藤蔓系列　抓住一种关键性产品，如同抓住一根藤蔓一样，向四周扩展，四处牵藤，顺藤发展，开发出多种产品，这是现代企业系列产品开发的一种主要形式。

（3）功能创新

每一种产品都有其特定的功能，满足某种消费的需要。产品的创新首先必须进行功能的创新。一方面要使潜在的功能充分发挥出来，另一方面可通过采用新的技术和手段增加或扩大产品的功能，使产品的功能得到不断的创新和完善。

① 功能延伸　功能延伸是指沿着产品自身原有功能的方向，通过研究和试制，使开发出来的同类新产品的功能向前延伸，既保留了原有的功能，又在原有基础上扩大了功能，这种延伸了的功能往往优于原有的功能。

② 功能放大　这种产品的功能比原产品的功能作用范围扩大或者是原有功能作用力度的增加，从而使新产品的功能放大，形成多功能产品。

③ 功能组合　把不同产品的不同功能组合到一种新产品中，或者是以一种产品为主，把其他产品的不同功能移植到这种新产品中去。这样开发出来的新产品具有多功能，形成一物多用。

④ 功能开发　企业可运用现代科学技术和新的手段来不断开发潜伏在产品中的新功能，形成一系列新的产品。

例如，北京她加他饮品公司推出的"他＋她－"功能饮料，在功效上，"他＋"是增加抵抗力、增加精力、活力，"她－"减去岁月留下的痕迹、减肥、减压；在成分上，"他＋"添加了维生素B、维生素C、牛黄酸等，"她－"则添加了芦荟等，产品创意点就在于"饮料分男女"与"他＋她－"。

2. 从方法的角度划分

（1）极化、锐化

一个超级产品的产生，一定要有极化锐化的手段，否则超级产品无法诞生。

所谓极化、锐化，就是要把某个产品的特质，非常极端地展现出来，非常尖锐可感知地展现出来，而极化、锐化，既需要从功能上，从材料上，从感知、接触、消费的过程去极化，还要从它所荷载的意义上去极化。

在太阳光下，用放大镜对好焦距，在一张纸上把光源聚焦，很快这张纸就会燃烧，这是光学原理。同样，各种原辅材料犹如阳光，我们通过特定的手段，对原辅材料优点进行有效融合，调整温度与时间等进行聚焦，就能生产出特浓型产品。

例如，优质糖果的魅力在于香、甜、味的完美结合，品香识糖，体会甜蜜，释放心情，令人愉悦。特浓产品带来特浓感受，含在嘴里，连绵不断的香甜诱惑缠绵逸出，肆意绽放，渐入佳境，香滑甜美的感觉在唇齿和舌间飘来荡去，弥漫在口腔的香味，纵然入喉后仍余味绕口，浓浓的挥散不去，让人回味不已。

好的产品会像病毒一样自动扩散，通过顾客的口碑传播，通过互联网迅速蔓延，侵入你的大脑，让你对它产生好感，激活你的购物潜意识，产生购买欲望。如悠哈特浓奶硬糖、春光椰子糖，最初没有广告，通过口感征服人心。

（2）突破禁忌

食品生产过程中的禁忌，是在传统条件下形成的应避免行为和禁令戒条，它是特定条件下的防范措施。

我们以糖果为例来说明。由于工艺条件的限制，形成禁忌，很多原辅材料，在饮料等其他食品行业应用自如，形成拳头产品，却被排除在糖果行业之外，划为禁区，这是非常令人痛心的事情。其中的制约环节是熬煮方式。传统的熬煮方式，由于熬煮温度高，对物料的选择有很多限制，需要考虑到通过高温区可能发生的转化与分解，对于热敏性物质，就被排除在外，成为配方设计的禁忌。例如，奶粉、炼乳在高温熬煮情况下，会因二次受热变性，产生不溶物，从而造成产品色泽变深，香味变杂，组织不细腻，甚至有粗糙感。果汁的添加更是问题，在熬煮之前添加，经过熬煮基本无效。

近年来出现的超薄膜真空低温连续熬糖设备（Superthin Film Vacuum Low Temperature Instantaneous Cooker Machine，简称 SFC），突破了这种限制，由于熬煮温度低、受热时间短暂，使食品原有芳香物和营养素损失少，基本保持食品原有的色泽和风味，尤其适宜热敏性物质的糖水浓缩，如含有奶粉、炼乳、果汁、蔬菜汁等的浓缩。选择 SFC，就迈上新的台阶，站在了制高点，扩大原材料的选择范围，选择合适的原材料，开发出一系列新品，同时对传统品种进行翻新、改良、升级、提高，实现产品差异化。

突破禁忌是一种创新，所形成的产品通常会超越已有的产品，甚至产生截然不同、傲立于群雄的市场效果。

（3）跨界设计

跨界是指两个或多个不同领域的交汇，它是设计思维嫁接的体现，这种嫁接绝不仅是思维的叠加，更是一种全新的再造。

跨界设计是开放式创新，它是以源自不同行业、不同初衷的点子为基础而开展的创新，任何企业都可以在看似不相关的领域找到可用于盈利的点子。

我们的市场空间，取决于我们在多大的范围内选择并组合相应资源，这就是我们的活动平台。扩大界定目标的范围，可以让人们广泛撒网，从而在可能永远也想不到的领域里找到可行方案。可供选择的技术越是多元化，就越有可能达到比竞争对手更高的层次，走得比他们更远。

资源整合力＝核心竞争力。

第四节　超级产品的跨界设计

在这里，我们专门将跨界设计提出来，进行更深入的探讨。

食品的产品创新，需要改变思维，在原有的圈子里冥思苦想，难以有所突破。进行越界探索，跨界融合，借鉴其他行业、其他领域，就可以产生原创性的点子，即使只有一点点新，但对于企业来说已经足够，甚至还能产生奇效。

跨界设计是一种资源整合方式，从一个特殊的角度，提出了一种创新模式。

所谓跨界设计，是将原本没有关系的两种物质或思想联系在一起，创造出一种新的社会关系，应用于工业领域，就是把某一种产品的设计同其他行业的思想、材质相联系，进而产生出一种新的创意。这样设计的产品打破了传统的产业界线，在原有的基础上实现突破和飞跃。

一、跨界设计的趋势

说到跨界，就涉及边界问题，就势必诱导人们去寻找边界。这种人为划界和寻找边界的努力，精神可嘉，成效很差，边界不可寻。划界与越界相互交织，决定了边界的不确定性，也决定了固定的界线是无法寻找的。

例如，作为糖果和饮料的中间产物——流质糖果，兼容了饮料的稳定性和糖果的酸甜味，花式品种繁多，有泡沫的、喷雾的、摩丝的、吹泡的，有涂的，有吸的，还有实物悬浮的，它的边界模糊不清。

我们已经很难把每一种产品完整地划入到其中的某一个领域内，出现很多你中有我、我中有你、相互胶着的状态。

其实，跨界是一种过渡的临界状态，在市场重新洗牌的同时，跨界整合往前走，就是发展，市场给予契机，就壮大起来。正是这种永不停息的划界和越界，推动着食品行业的发展变化，为整个行业带来了勃勃生机，使它永葆鲜活的生命。从这个角度看，食品行业的发展史就是不断划界和越界的历史。

在承认差异、承认区分、承认边界的同时，我们更应该注重发生在边界上的种种打破边界、超越边界的行为。立足边界，关注边界，从边界的立场看待这个行业，就会给予我们一种全新的感受。

由于边界是不同领域、不同因素的交接处，它必定是最为丰富、最活跃易变的场所，抓住边界问题，也就抓住了关键，找到一个产品创新的入口。

跨界行为打破了传统的产品开发理念，从全新的视角设计产品，以巧妙而合乎情理的手法赋予产品新的特质、新的风味和口感，以及新的食用情境。

跨界创新，是大趋势，让处于激烈竞争中的企业能够发现和抓住新机会，及时"跨"出去，就会改变产品竞争的格局。

当然，并非所有的跨界都会成功，但若不尝试，又怎么会有突破呢？

例如，雀巢公司（Nestle）最初在印度销售其巧克力时，因为受于印度热浪滚滚的高温天气和恶劣的分销渠道，一年中超过9个月都是淡季。巧克力在没有空调的小店铺里出售，而且直接暴露在太阳底下。于是，商人们开玩笑说，雀巢巧克力最终被当作饮料出售了。雀巢印度公司主席兼总经理卡罗·多纳蒂却由此受到了启发，巧克力变成了液体，就直接改卖液体巧克力。随即，雀巢印度公司推出了一款名为"Choco-Stick"的介于巧克力块和饮料之间的液体巧克力产品。两年后，Choco-Stick 成为了印度市场上成长最快的巧克力品牌，占据了印度 1.52 亿美元巧克力市场的十分之一。结果，雀巢公司开发的 Choco-Stick 在印度巧克力市场漫长的淡季中成为了销售明星。

二、跨界设计的方式

跨界设计是一种资源整合，到底整合哪些资源，跨界到什么程度，是要有一个度的。

有时候看上去毫不相干的事物之间，似乎没有任何发生联系的可能。但往往就是这种看上去不可能的事情一旦成为可能，才显现出创意不可思议的魔力。

但是并非所有的事物都能任意整合，能够整合就必须让两者之间具有某种发生联系的可能——相关性。相关性就是指事物之间产生联系的某种契机，也就是事物之间具有相似、相反、相承、相容、相对、相称的特点或基因。

整合的方式主要是：增附组合、同类组合、相邻组合、异类组合。

1. 增附组合

在原有的主体上补充新的内容。主体仍然是原来的主体，附加了新的看点。

2. 同类组合

将新的同类原料组合在一起。例如，五谷通常是指稻谷、麦子、大豆、玉米、薯类，杂粮通常是指米和面粉以外的粮食，五谷杂粮组合的八宝粥就是同类组合。

3. 相邻组合

关系比较紧密的两个或几个邻近的元素之间，假若按常规思路连接，一般很难出新；而关系比较紧密的两个或几个邻近的元素之间，按非常规思路连接，它有可能产生新的形式美感，呈现出不同风格的合力。

4. 异类组合

两种以上不同领域对象的组合。异类组合的特点是：第一，组合对象来自不同方面；第二，组合过程中，参与组合的对象从意义、构造、成分、功能等任一方面或多方面互相渗透，整体变化显著；第三，异类组合更明显表现为要素重组，所以具有高度创造性。

三、跨界设计的要点

1. 互补、嫁接

不同的食品虽然都有各自的特点和风格，但它们之间可以相互借鉴、相互补充，并且在可能的范围内适当嫁接。互补与嫁接是两个有联系而又有区别的概念。

互补，意味着互相渗透、互相补充。不同食品之间的互补意味着：这种食品形式的存在和发展，可能对另一种食品形式的发展和创新产生某种启示。无论两种食品形式的关系是比较邻近、密切，还是距离较远的，只要它们之间具有某种相似性、可比性、相容性，创造者就可能把它们联系在一起，吸取非主攻食品的长处，对主攻食品加以丰富、改造、发展。

嫁接，是以互补原理、互补性思想为前提，而又表现为一种具体的概念、操作，是一种寻求新的组合以产生新产品、新形式、新门类的具体方法途径。任何产品形式或门类都不可能绝对的"纯"、绝对的"独立"，互补性、兼容性正体现了产品之间的整合关系和嫁接组合的可能性。在食品领域，许多类别、形式之间存在着"你中有我，我中有你"的关系。

2. 远亲繁殖、远距联想

创新需要积极的联想、想象和思维。心理学上认为，联想、想象、思维都有三个义项：相关性（关系）、紧密性（距离）、传递性（程序）。因而，任何创造性活动都只不过是寻求新的关系，缩小不同种类之间的距离，并在新的过程中传递新的信息。

三个义项中，首先是相关性。这就是说，联想的对象、思维的对象是否构成某种关系，注意对象之间是在怎样一个方向上存在着相互的关系。联想受到特定的审美对象的制约，必须由新的感知、表现和经验以及理解和思考的过程来诱导。想象不仅仅是神经的暂时联系，它必须对现有的材料进行新的分析和综合，从而创造新的形象。

植物杂交试验需要"远亲繁殖"。所谓"远亲"，就是异质的信息和事物。"世界杂交水稻之父"袁隆平当年研制杂交水稻的关键思路是：培育出一个雄花不育的"母稻"，即雄性不育系，然后用其他品种的花粉去给它授粉和杂交，产生能用于生产的杂交种子。在各种元素的组合上，有时候正需要这种"远亲繁殖"，需要"远距联想"。

心理学上所讲的"远距联想"，其中的"远"，是指意义上的"远"。这种"远距联想"看起来似乎有点东扯葫芦西扯瓢，把两个本来好像是风马牛不相及的东西"牵扯"到一起。人的思维实际上包含着许多非线性的网络思维、团块思维、跳跃式的思维。根据心理学上所讲的"远距联想"的理论，将异质的信息或事物用至今未有的方法结合起来，是进行新创造、产生新感觉和新价值的重要途径。

远亲繁殖、远距联想的实质是指整合的范围、方向。近亲、近距离的整合，通常是同方向、同领域的整合，例如，将水果的成分应用于饮料之中，形成果汁饮料、果粒悬浮饮料，将酒应用于糖果中形成酒心糖；而远亲、远距离的整合是将看似毫无关系的元素整合在一起，例如戒烟糖，就是将不搭界的糖和戒烟联系在一起，通过烈味的糖果暂时改变口腔的味觉，再抽香烟时已经不再是原来的感觉，甚至产生厌恶的感觉，从而达到戒烟的目的。

四、跨界设计的流程

观念一变，世界全变。我们对食品进行重新定义，从而进行跨界设计，这是一种资源整合方式，是系统论的思维方式。设计流程为（以糖果为例）：

糖果 →原点：食品 →买方价值搜寻→重新组合→ 跨界产品

1. 原点：食品

糖果作为食品的一个重要分类，具有食品的四大属性：

① 感官性（也称为愉悦功能），即在品尝糖果的过程中，使人得到色、香、味、形和触觉等的美好享受。优质的产品满足我们的嗅觉和味觉等对于香味和美味的欲望，例如特浓型糖果，香浓风味，细细品味，这种享受过程是一种愉悦。

② 营养性（也称为营养功能），即满足人体生长发育和生理功能对营养素的需要。

③ 安全性，这是对糖果在食用时不会使消费者受害的一种担保。

④ 功能性，这是指糖果在具备色、香、味、形等基本功能的基础上，附加的特殊功能，从而成为功能糖果。功能性糖果是传统糖果向高端产品品类的延伸，反映了消费者对糖果产品的高层次、多层次的需求。

我们应聚焦于原命题，对这些属性进行多视角的研究。理念、思考与思路回到原点，这是思维的出发点。糖果是食品，这是原点，由此重新出发。

2. 买方价值搜寻

民以食为天，我国地大物博，食物资源丰富，加工手段繁多，食品的面很广，可分为十六大类三百多个小类，包括饮料、水果、乳制品、蔬菜、粮食、特殊营养食品、焙烤食品等等，这些是相关联的产品，是顾客的其他选择，存在着买方价值（即顾客看中的价值，打动他的价值），这是我们的搜寻范围。

从顾客的角度出发，将"听""看""想""记"与"交流"结合起来，研究顾客的需求和感知，分析顾客想从中获得什么，搞清楚什么原因决定顾客的选择，分析顾客为什么会在它们之间做出权衡取舍，观察不同市场在买方价值元素上的共同点，从多个市场的不同角度诠释同一类顾客的特征，抓住顾客关键选择要素，将会获得敏锐的市场洞察力。

为了确定需求，可以采取"分析研究"和"观察体验"两种形式。

① 分析研究即通过逻辑分析，理性地探究顾客的需求。最终得到的需求是否准确有赖于逻辑分析的合理性。

② 观察体验一直是很多擅长创新的企业所推崇的，例如通过"现场、现物、现实"的触摸，从内心层面了解顾客的需求。这些顾客需求信息不仅仅停留在纸面上的"顾客需求1；顾客需求2"，更重要的是顾客所需要的主观感觉和产品需要具备与之对应的概念。

3. 重新组合

在不同领域发生交汇、融合时，我们往往能获得不落俗套的创新想法。

产品设计是相通的，我们将那些促使顾客权衡的关键元素提取出来，进行筛选，剔除或减少其他元素，重新组合，揉合到糖果之中（如表2-1），有进有退，有取有舍，获得整体的最优，塑造新的价值优势，向顾客提供全新的体验，将顾客对产品的潜在需求转化为现实需求，就能重建市场，开辟一个崭新的市场空间。

从大脑活动的角度讲，创新就是"发散、聚敛"，在脑海中做的伸缩动作，先做加法，后做减法。上一步"买方价值搜寻"，是发散的过程，它需要自由奔放，无视障碍存在，拼命延伸思想。而到了这一步"重新组合"，需要筛选、集中、整合，将思想收回到顾客需求和企业自身现状上来，得到简洁、精炼、具有实际意义的最佳方案，并实施。

表 2-1　跨界设计的糖果举例

食品分类(仅列举部分)		可提取的价值元素	跨界糖果举例
水果	椰子、柠檬、橙、橘、葡萄、柚、柑橘、桃、梨、猕猴桃、菠萝、番石榴、芒果、西番莲、苹果、枇杷、樱桃、草莓、黑莓、蓝莓等	原果香味(芳香物质)，营养丰富，酸甜适度，色泽鲜艳	各种果汁糖，如特浓椰子糖、柠檬果汁糖、香橙果汁糖等，富含果汁的营养成分，色、香、味俱佳，香味浓郁
饮料	茶饮料、果汁饮料、蔬菜汁饮料、蛋白饮料、特殊用途饮料、咖啡饮料等	色、香、味、营养成分、功能性	果汁糖
粮食制品	红豆粉、绿豆粉、小麦粉、面粉、饼干、麦片等	营养价值、香味、对质构的影响	如红豆奶糖
茶叶	绿茶、红茶、乌龙茶、黄茶、白茶、黑茶等	具有保健作用，不同的茶的香味各异	各种茶糖：具有茶的香味和滋味，有一定的保健作用，甜而不腻，风味独特，别具一格
可可及焙烤咖啡产品	可可液块、可可粉、可可脂、咖啡粉等	浓厚的香味、收敛性苦味、涩味	咖啡糖

各类食品，合久必分，分久必合，这是相关联的价值元素之间的组合形式的调整，是前进的运动方式。不拘常规，敢于突破，不破不立，有破有立，大破大立，破立结合，破是手段，立是目的，进行创造性的破坏，打破传统的产业界线，在原

有的基础上实现飞跃。果汁糖果跨越了果汁（饮料）与糖果两个产业的界线，维生素糖果跨越了维生素与糖果两个产业，开辟了新的蓝海市场，在领域交错的区间，实现了令人诧异的华丽转身。

饮料中也出现很多这类复合与混搭的品类：农夫山泉推出的 TOT 苏打红茶，是苏打水和茶饮料的混搭；汇源新推出的果汁果乐，是果汁和碳酸饮料的混搭；可口可乐旗下也推出了茶味的雪碧。

再看看其他类似饮料的复合模式：啤酒＋茶＝啤儿茶爽；啤酒＋果汁＝菠萝啤、果啤；红薯汁＋花卉＝杂粮花卉饮料；乌梅＋凉茶＋山楂＝酸梅汤。

五、跨界产品的优势

品牌是翅膀，产品是动力，只有动力强，才能飞得高。

进行同质化竞争，并希望获胜，用笑星小沈阳的话说就是："走别人的路，让别人无路可走。"这句话说起来容易，真正做到实在艰难，结果往往是生存发展的空间越来越窄。

跨界设计的食品从产品配方设计（原材料的选择、组合）和加工手段两方面入手，在深度和广度上进行开拓，创新产品，找到新的增长点，撬动更为广阔的市场。

1. 深度

在深度上，重口味。抛弃平淡的口味，味觉的浓度大，对感官刺激量大，形成很强的冲击力，给顾客留下深刻的记忆。

这就像果味饮料向果汁饮料转化，糖果也由香精调香向原料调香转化。如特浓型奶糖、特浓型椰子糖、特浓型咖啡糖等，加大奶粉、炼乳、椰子汁、咖啡汁等原料的投入，通过 SFC 进行低温瞬时熬煮，形成特浓型的口感，从同类产品中突颖而出，改变产品竞争格局。

2. 广度

在广度上，超越传统的思维定势，在更大的范围、更高的层次、更强的密度去组织资源，形成新的合力、新的系统、新的竞争优势，提高企业的价值创造能力，扩大发展边界。

跨界设计整合多个不同领域的元素，进行渗透融会，在原料天然化、口味多元化、产品营养化等方面进行市场细分，在不同领域的交叉点绽放自己的光彩。

总之，跨界设计从不同的思维视角，提出了一种创新模式，改变企业的认识角度，有利于企业跳出传统的竞争模式，找到新的突破点和增长点，开辟更广阔更富有价值的市场空间。

第三章
配方创新设计

Chapter 03

配方创新设计，是指创造某种新产品的配方，或是对某一新或老产品的配方进行创新设计。

市场的潮流造就很多经典，进行继承发展，大胆实践，勇于创新，又会不断创立更加高效的新配方。这种变化如果十分明显，就会发生产品分代，形成代差、代沟。

建立资料库，是设计的基础、创新的源泉。

- 配方设计的方法：原则、框架、流程
- 建立配方资料库：原料资料库、关系资料库、配方案例库、专题资料库
- 配方创新的方法：识变应变，系统化设计，两大创新法

在武侠小说里，为了一本秘籍，武林人士常常抢得头破血流，还会掀起一场江湖风波。

在食品行业里，配方就像武侠小说中的秘籍一样重要，秘籍意味着一门绝世武功，配方意味着一款食品的独特风味，这是赢得市场的关键。因此，企业会像守护秘籍一样，守护配方。

配方是一种将生产技术文字化的表达方式，是把各种原辅材料按照一定比例配比，并形成文字化、图表化的文案。

食品配方设计，就是根据产品的性能要求和工艺条件，通过试验、优化、评价，合理地选用原辅材料，并确定各种原辅材料的用量配比关系。

配方创新设计，是指创造某种新产品的配方，或是对某一新或老产品的配方进行创新设计，其内容如图 3-1 所示。配方创新设计需要整合思维，关注和追踪创新性配料，对热门产品进行配方分析，了解目标产品的基本配方体系，对比自己与同行产品配方的差异，找到提升产品竞争力的方向，以市场需求为出发点，明确产品技术的研究方向，通过技术创新活动，创造出新产品。

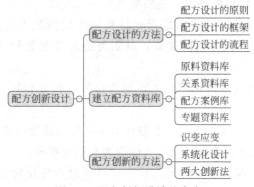

图 3-1　配方创新设计的内容

第一节　配方设计的方法

我们从配方设计的原则、框架、流程这三个方面来谈配方设计的方法。

一、配方设计的原则

食品配方设计应遵循的原则为：

1. 安全性

安全性是指食品安全。食品安全（food safety）指食品无毒、无害，符合应有的营养要求，对人体健康不造成任何急性、亚急性或者慢性危害。食品安全也是一门专门探讨在食品加工、存储、销售等过程中，确保食品卫生及食用安全、降低疾病隐患、防范食物中毒的一个跨学科领域，所以食品安全很重要。

食品安全的含义有三个层次：

第一层，食品数量安全，即一个国家或地区能够生产民族基本生存所需的膳食需要。要求人们既能买得到又能买得起生存生活所需要的基本食品。

第二层，食品质量安全，指提供的食品在营养、卫生方面满足和保障人群的健康需要。食品质量安全涉及食物的污染、是否有毒、添加剂是否违规超标、标签是否规范等问题，需要在食品受到污染界限之前采取措施，预防食品的污染和遭遇主要危害因素侵袭。

第三层，食品可持续安全，这是从发展角度要求食品的获取需要注重生态环境的良好保护和资源利用的可持续。

食品安全既包括生产安全，也包括经营安全；既包括结果安全，也包括过程安全；既包括现实安全，也包括未来安全。

2. 营养性

营养性是指食品的营养价值，即产品所含的热能和营养素能满足人体营养需要的程度。对产品营养价值的评价，主要根据以下几方面：

① 所含热能和营养素的量，是否充足和相互比例是否适宜，例如，蛋白质、必需氨基酸的含量及其相互间的比值，对脂类还应考虑饱和与多不饱和脂肪酸的比例。

② 各种营养素的人体消化率，主要是蛋白质、脂类和钙、铁、锌等无机盐和微量元素的消化率。

③ 所含各种营养素在人体内的生物利用率，尤其是蛋白质、必需氨基酸、钙、铁、锌等营养素被消化吸收后，能在人体内被利用的程度。

④ 产品色、香、味、型，即感官状态，可通过条件反射影响人的食欲及消化液分泌的质与量，从而明显影响人体对该食物的消化能力。

⑤ 营养质量指数。产品营养价值的高低是相对的，价格不一定反映其营养价值。同一类产品的营养价值可因品种、加工方式等不同而有很大区别。

3. 可接受性

食品的可接受性是反映产品质量属性的一个方面，集中表现为产品的感官质量。这是产品被消费者感官上接受程度的性质，可归纳为产品的颜色、滋味和香气。

产品的可接受性是产品非常重要的商品和质量属性，在一定程度上反映了其营养质量和加工工艺的优劣。食品作为一种商品，在现代社会中不仅起到充饥的作用，也可使人们在选择及食用时，得到快乐的满足。产品色香味美，不仅是人体生理的需要，而且是提高食品消化率的需要。

4. 稳定性

稳定性是指产品质量稳定，符合保质期的需要。这是配方设计关注的重点之一。

在保质期内发生质量问题，主要表现为两个方面：一是产品发生变形、变色、变味等许多与稳定性有关的问题；二是微生物污染问题。这样消费者不接受，就不能实现经济效益了。

5. 经济性

为了使自己的产品具有竞争力，保证产品的高质量是毋庸置疑的，但如何在保证产品质量的同时，将成本降至最低，这也是在设计配方时不得不考虑的问题。好的配方应该在质量与成本之间寻找到最佳的平衡点。

在保证产品质量的同时，将配方成本控制在最经济的范围内，是产品研发、配方设计的长期任务。因此，成本管理必须融入到产品研发全过程，特别是在配方设计阶段，尤为重要。将原料价格信息及时用成本管理软件或计算公式进行核算，从而选择成本最低的原料配方，规避原料价格上涨所带来的成本上升风险，提高产品的竞争力，为企业赢取更多的利润。

二、配方设计的框架

食品的花色品种众多，千差万别，在质感上显著不同，都是由其不同的配方所造成的。

我们在拙著《食品配方设计7步》中采用模块化思维，将配方设计分为七大模块：主体骨架设计，调色、调香、调味设计，品质改良设计，保质设计，功能性设计。由大模块再分解为更小的模块——子配方。这两个层次的设计，就是进行食品配方设计的总体框架（如图3-2）。市场不断在变，按照简单流程处理（增、删、改），就能适应市场变化的需求。

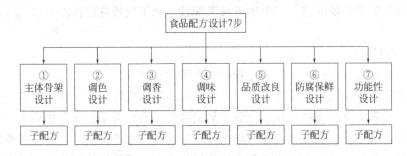

图3-2　食品配方设计的总体框架

1. 主体骨架设计

主体骨架设计主要是主体原料的选择和配置，形成产品最初的档次和形态。这是产品配方设计的基础，对整个配方的设计起着导向作用。

配方中的原料按其在食品中的性能和用途，可分为两大类：主体原料和辅助原料。主体原料和辅助原料之间没有绝对的界限，在不同的配方产品中所起的作用也不一样。配方设计就是把主体原料和各种辅料配合在一起，组成一个多组分的体系，其中每一个组分都起到一定的作用。

主体原料，有人也称之为基质原料。主体原料能够根据各种产品的类别和要求，赋予产品基础架构的主要成分，体现了产品的性质和功用。例如，糕点的主体原料通常为油、糖、面。普通糖果的主体原料通常是白砂糖和淀粉糖浆（或葡萄糖浆、饴糖），其主体原料配方设计的关键在于干固物和还原糖的平衡，当然也要考虑成本。

2. 调色设计

调色设计是配方设计的重要组成部分之一。在产品调色中，产品的着色、保色、发色、退色是产品加工者重点研究的内容。

产品中的色泽是鉴定食品质量的重要感观指标。产品色泽的成因主要来源于两个方面：一是原料中原有的天然色素，二是产品加工过程中配用的色素。通过调色，在产品生产过程中，用适当的色素添加于产品中，从而获得色泽令人满意的产品。

消费者也有好"色"之心，抓住消费者的眼球，就抓住了赚钱的机会。我们常常会有一种思维定式：产品本身的色彩是天生的，是难以突破的。殊不知，创新地推出多种色彩恰恰最能吸引消费者的眼球。

例如，圣泉啤酒董事长朱耀武曾十分头疼：价格、包装、广告、渠道……能做的都做了，可还是跟对手厮打得不可开交。啤酒的创新空间小，更何况大部分是初级产品。但朱耀武发现：不仅消费者很少注意啤酒颜色，而且啤酒企业也很少注意。于是，他决定在大家都忽视的啤酒要素——颜色上做点文章，推出的黑色啤酒带给消费者以神秘、典雅、高贵、深邃的感觉，获得了巨大的市场效应。当年，圣泉啤酒成为安徽市场的霸主，单单圣泉黑啤就占据了安徽啤酒高端品牌2/3的市场份额。

3. 调香设计

调香设计对各种产品的风味起着画龙点睛的作用。

香是食品风味的重要组成部分，香气是由多种挥发性的香味物质组成，各种香味的发生与食品中存在的挥发性物质的某些基因有密切关系。食品中的香气有：果香、肉香、焙烤香、乳香、清香和甜香等。在食品的生产过程中，往往需要添加适量的香精、香料，以改善或增强食品的香气和香味。调香设计就是在食品主体的基础上，根据各种香精、香料的特点，结合各种味觉、嗅觉现象，取得香气和风味之间的平衡，以寻求产品香气的和谐美。

4. 调味设计

调味设计是配方设计的重要组成部分之一。食品中的味是判断食品质量高低的重要依据，也是市场竞争的一个重要的突破口。

食品中加入一定的调味剂，不仅可以改善食品的感官性，使食品更加可口，增进食欲，而且有些调味剂还具有一定的营养价值。调味剂主要有酸味剂、甜味剂、鲜味剂、咸味剂和苦味剂等，其中苦味剂应用很少，前三种的调味剂使用较多。

食品的调味，就是在食品的生产过程中，通过原料和调味品的科学配制，产生出一种人们喜欢的特殊滋味。通过科学的配制，将产品独特的滋味微妙地表现出来，以满足人们的口味和爱好。

5. 品质改良设计

品质改良设计是在主体骨架的基础上进行的设计，目的是为了改变食品的质构。

品质改良剂的名称是"历史遗留"叫法，随着食品添加剂的发展，国标 GB 2760—2014 上的这一栏已分成面粉处理剂、水分保持剂两大类，品质改良剂中还有些品种划入增稠剂等类食品添加剂的范围。

品质改良设计就是通过多类食品添加剂的复配作用，赋予食品一定的形态和质构，满足食品加工工艺性能和品质要求。

6. 防腐保鲜设计

食品配方设计在经过主体骨架设计、品质改良设计、色香味设计之后，整个产品就形成了，色、香、味、形都有了。但是，这样的产品可能保质期短，不能实现经济效益最大化，因此，还需要进行保质设计——防腐保鲜设计。

食品在物理、生物化学和有害微生物等因素的作用下，可失去固有的色、香、味、形而腐烂变质，有害微生物的作用是导致食品腐烂变质的主要因素。通常将蛋白质的变质称为腐败，碳水化合物的变质称为发酵，脂类的变质称为酸败。前两种都是微生物作用的结果。

防腐和保鲜是两个有区别而又互相关联的概念。防腐是针对有害微生物的，保鲜是针对食品本身品质。

7. 功能性设计

功能性设计是在食品的基本功能的基础上附加的特定功能，成为功能性食品。按其科技含量分类，第一代产品主要是强化食品，第二代、第三代产品称为保健食品。

食品是人类赖以生存的物质基础，人们对食品的要求随着生活水平的提高而越来越高。人们在能够吃饱以后，便要求吃得好。要吃得好，首先必须使食品有营养。根据不同人群的营养需要，向食物中添加一种或多种营养素、或某些天然食物成分的食品添加剂，用以提高食品营养价值的过程称为食品营养强化。

一般食品通常只具有提供营养、感官享受等基础功用。在此基础上，经特殊的设计、加工，含有与人体防御、人体节律调整、防止疾病、恢复健康和抗衰老等有关的生理功能因子（或称功效成分、有效成分），因而能调节人体生理机能的，但不以治疗疾病为目的的食品，国际上称为"功能食品"或"保健食品"。

三、配方设计的流程

配方设计有多种方法，但其设计步骤基本类似，一般按以下步骤进行：

1. 明确设计目标

配方设计的第一步是明确目标，不同的目标对配方要求有所差别。

明确设计的方向，是我们的首要考虑。因此，在设计时，必须把握住设计该产品所涉及的范畴、内容、目的和作用；清楚特定的目标、性质、形式和手段；这些因素是设计的先决条件。设计运作和各设计要素之间紧密联系，构成一个严整自律的体系，是设计运行中的主轴。目标规定了体系的方向，体系确保目标的实现。

2. 合理选择标准

配方设计目标明确以后，就要选择相应的标准。标准是根据大量重复的科学实验与生产验证的结果，产品标准主要包括国家标准、地方标准、企业标准等。

标准大部分都是推荐性标准，都有自身的适用范围，企业可以根据自身产品的特性来选择使用或者不使用。总体来说，正确选择合适的标准并不是很难，很好地贯彻执行产品标准，对于提高企业自身产品质量水平，完善企业质量体系是有很大帮助的。

3. 选择原料

原料种类过多，会给实际生产中的采购、品控、库管、加工等环节带来麻烦。每种原料自身都有优缺点，用量都有一个适宜范围，并不是无限制添加。设计配方时，必须考虑到各种原料的营养组成、用量比例对加工和质量的影响，从优选择原料，保持配方的稳定性；选择质量原料来源比较稳定的供给，来保持配方的稳定程度。

尽量选择资源充足、价格低廉而且营养丰富的原料，以达到降低配方成本的目的。非常规原料的科学合理使用，也可带来明显的经济效益。

4. 原料营养的选择

人体的营养需求是为了满足生命过程中一系列复杂的生化反应。人体需要40多种营养素以保持人体处于适宜的健康状况、能量水平以及最佳的免疫能力。个体应保证对某种营养素的需要量使机体维持"适宜营养状况"，即处于良好的健康状态。

通过查阅食品原料营养成分表，确定所选原料各养分含量，在此基础上，配方设计人员还应考虑如何对营养成分进行取值。同一原料品种，由于产地、品质、等级不同，其营养成分也往往不同。

设计配方时尽量选择条件相近的作参考。在没有把握选用现有数据时，可实测。对于生产企业，最好自检或委托送检原料的关键指标，建立数据库（包括原料描述、价格、营养素含量等），作为配方设计的依据。

5. 配方计算

所谓配方设计，就是应用一定的计算方法，根据原料的特性和配方的规格、要求，产生配方中各原料比例的一种运算过程。配方品质的好坏、成本的高低直接影响生产的经济效益。

配方是产品生产的核心，要优化配方设计，必须同时满足前面所述的配方设计的原则。

所谓最优解就是满足所有约束条件的最低成本配方。参考配方是指最优解不存在时，仍然存在一个最接近理想的配方，它的成本最低，但是所有的约束条件没有同时满足，但该参考配方仍然具有一定的参考价值，因为该结果往往是可以应用的。

配方计算的方法有多种，可以通过 Excel 行和列的运算，表中数值的排列灵活多变，可根据要求自行设置，需要更改调整时，可随时变更配比，立即自动计算，获得新的调整结果。

6. 配方检验

一个配方设计计算完成，能否用于实际生产，还必须从以下几方面对配方进行检查或验证：配方组成是否经济有效；配方组成对产品的加工特性有无影响；配方产品是否影响产品的风味和外观等。

对配方产品的评价，如前面的"配方设计的原则"所述。其中可接受性，即感官评价，可采用模糊评分法，选择 20 名有经验的评价人员，按感官评分标准对产品进行综合感官品质的评价。各品评项目权重系数：滋味占 0.3，风味和口感各占 0.2，状态和色泽各占 0.15，即：综合分＝滋味×0.3＋风味×0.2＋口感×0.2＋色泽×0.15＋状态×0.15。

配方产品的实际效果是评价设计质量的最好尺度，通过产品评价，与预期进行对比。如果所得结果在允许的范围内，说明达到设计的目的。相反，如果结果在允许的范围之外，说明存在问题，问题可能是出在加工过程、取样或配方，也可能是出在实验室。通过检验的信息反馈，重新修订并完善配方，再进行试制。

设计是一个迭代的过程，需要设计师对问题不断深入，不断探索可能性，然后不断选择，设计出更好的产品。

第二节　建立配方资料库

资料库是设计的基础，建库是设计的前提。

所谓建库，就是把大量的相关资料放在一起，既有利于总结经验，又方便使用，可以减少做错事情的可能，节约时间。有了这个前提和基础，才有利于进一步开展工作和实践创新。通常需要建立以下资料库：

一、原料资料库

我们应该对原料的物性、用途以及相关背景了然于胸。每种原料都有其各自的特点，只有熟悉它，了解它，才能用好它。在不同的配方里，根据不同的性能指标的要求，选择不同的原料十分重要。

原料资料库包括：主料资料库、辅料资料库、食品添加剂资料库。

原料资料库存放配方原料数据，我们可从原料资料库选择配方原料，设计优化配方。原料资料库的内容包括：原料的编号、名称、来源、用途、常规成分、营养素含量、原料标准。在设计配方时，方便从原料资料库中调出各种原料的名称、用量等内容，方便查找。

二、关系资料库

关系资料库是采用关系建立起来的资料库。各种原料之间可能存在相互影响的关系，主要有两类：

1. 复配

通常情况下，复配是指食品添加剂的复配，即将两种或两种以上的食品添加剂混合在一起。它不是一种简单的复合，它是食品添加剂的二次加工，有较高的技术含量。单一的食品添加剂，通常达不到食品生产的要求，例如，增稠剂卡拉胶，要达到果冻的生产要求，必须要和魔芋精粉配合在一起，才能达到保水的效果。

2. 制约

食品添加剂的使用，大多有限量的要求。国家标准 GB 2760 规定了食品添加剂的使用范围和限量标准。食品添加剂的使用限量，基于食品的安全保障原则，安全性评价以及使用限量标准，是建立在食品添加剂的风险评估和食品添加剂毒理学评价的基础上的。

在保健食品、药膳中，存在相生相克的宜忌。例如，用功能相同的药物和食物互相配伍，使药助食力，借以提高疗效；用功能互相不同或有拮抗作用的药物和食物相配合，以制其弊，以扬其利。

三、配方案例库

1. 经典配方库

用于集中存放具有典范性、权威性的、代表性的、完美的配方，这类配方能够表现本行业的精髓。

2. 参考配方库

从资料中、文献中查找到的、收集到的配方，用于帮助研究和了解，或者将数据拿来对照。

3. 配方剖析资料库

建立一个竞争对手分析的框架非常重要。该库的建立，来自于对竞争对手的产品进行配方剖析。配方剖析一般应遵从以下步骤：

① 了解样品信息。对样品的来源、价格、生产厂家、应用范围、使用性能、商品标签、产品说明、包装材料、销售渠道等信息尽可能全面搜集，以便缩小剖析范围，少走弯路，减少工作量。

通过标签、标识，对样品进行最基本的分析，主要是两方面的内容：一是所采用的原料；二是主要营养素的大致范围。

② 感官检验，作定性分析。考察样品的物理状态、颜色、气味等感官和简单物理性能。要注重细节，不放过蛛丝马迹；要学会透过现象看本质，从细微处发现大问题。平时应留心收集一些简单实用的定性分析方法。

③ 定量分析。对预测组分进行含量测定，最好采用成熟的检验方法，如国家标准或行业标准。若无现成试验方法要善于自己设计。

④ 试验验证。根据剖析结果拟出试验配方，做出试验样品，然后与对照样品作比较。当结果与对照样相差较大时，说明样品剖析不成功，应查找原因；当结果相差不大时，可微调配方直至接近。

四、专题资料库

针对某个特定对象、目标、领域而特别收集的资料。

要想成功地开发出一个新产品，就必须了解新产品的相关背景及研究发展趋势和现状，才能做到目标明确。通过收集专题资料，熟悉新产品的研究发展现状和趋势，对研究领域的研究现状（包括主要学术观点、前人研究成果和研究水平、争论焦点、存在的问题及可能的原因等）、新水平、新动态、新技术和新发现、发展前景等内容进行综合分析、归纳整理，理出自己的研究思路。

专题资料的收集方法有：

① 瞄准主流：主流文献包括该领域的核心期刊、经典著作、研究报告、重要的观点和论述等，找到一两篇"经典"的文章后"顺藤摸瓜"，留意它们的参考文献。

② 随时整理：如对文献进行分类，记录文献信息。对于特别重要的文献，不妨做一个读书笔记。

第三节　配方创新的方法

一、识变应变

配方设计是把多种原料组配在一起，用以加工成产品。市场的潮流造就很多经典，经典配方泛指造就经典产品的配方，这类产品经过多年的市场检验，影响很广。即使是经典配方，也不是一成不变的，而是发展变化的。

例如，广东传统的"降火"凉茶实际上是中草药熬煮的药汤，效果虽好，但味道苦，即使在广东，年轻人也很难接受，这也是广东凉茶偏安广东一隅，难以走出广东的主要原因。原来的王老吉口感甘中微苦，经过反复的口感测试后，罐装王老吉选择的是偏甜的配方，现在的王老吉口感像山楂水一样，更接近饮料的味道，满足了全国各地不同消费者的口感要求，在口感上得到了大众的喜爱。从营销角度分析，通过口感的改变取悦消费者，是王老吉营销全国极其关键的一步棋，重新调配后的口感极大地扩大了王老吉的消费者群，使其市场潜量得到了巨大的提升，才有了后来佳多宝、王老吉之争。

这种对经典的继承和发展，是根据实际需要，以经典配方或新的经典配方为骨架，经过加减调整，组成新的配方，成就了新的经典配方。这需要继承那些经过验证的经典配方，又要解放思想，大胆实践，勇于创新，才能不断创立更加高效的新配方。

这种变化如果十分明显，就会发生产品分代，形成代差、代沟。我们以配方奶粉的产生和发展为例，来看这种发展变化。

配方奶粉的概念大约在 1900 年左右提出，至今规模化生产已有 100 多年的历史。随着分析手段和仪器的日新月异，营养学和功能性食品研究开发的进一步深入和细化，配方奶粉的发展大致可以归为三代：

第一代（1900～1988 年），配方奶粉追求蛋白质、脂肪、碳水化合物、维生素、矿物质等营养素的均衡，主要是避免人体对某类营养素的摄入不足；

第二代（1989～2005 年），配方奶粉即强化奶粉，强化诸如 Fe、Ca、Zn、VA、VB、VC、牛磺酸、胆碱、DHA、ARA、核苷酸、益生元等对人体具有重要生理功能及易缺乏的营养素，为目前市场上主要的配方奶粉。

最受关注的是婴幼儿配方奶粉，以国外品牌为主，价格不菲，多为"干法"生产，因为无法在奶源地完成生产，所以就把鲜牛奶加工成婴儿配方乳粉，出口大包装（简称"大包粉"）到我国境内分装贴标销售。

第三代（2006 年至今），配方奶粉追求精确模拟配方和功能验证。基于牛、羊奶和母乳的差异化研究的不断深入，进一步分析母乳成分及其功能评价，开发出添加诸如 OPO 结构油脂、益生菌、乳铁蛋白、叶黄素、溶菌酶、脂肪酶、表皮生长因子等更多功能因子的婴幼儿配方奶粉，而且第三代配方奶粉强调采用"湿法"生产，即奶源收集、品质检测、辅料配制、生产、罐装全部在奶源产地一站式完成，这有利保持配方奶粉营养素的功能活性，实现品质更接近母乳，避免干法生产中的过度加热问题。

这种发展变化是大势所趋。

随着人民生活水平明显提高，消费观念、健康观念发生了很大变化，消费者越来越注重生活品质；由于工作竞争压力越来越大，亚健康人群比例也越来越大；我国的老龄化趋势日益加剧……这些因素的综合推动，天然产品正成为消费者的习惯，"绿色"变成常规，功能与健康的原料成分已成为一种趋势。这些变化推动着配方设计的发展变化。

面对风云变幻的市场竞争，关键在于识变、应变、求变。谁拥抱变革、谁拥抱创新，谁就能赢得主动；谁两耳不闻窗外事，封闭起来，一心攥着捏着"宝贝疙瘩"自我欣赏，谁就可能被远远甩在后边。把准市场脉搏，转变发展思路，放下固有观念，寻求新的突破，这样才能带来更大的市场和更有活力的创新，才能带来更多的可能性。

二、系统化设计

系统化设计是指产品设计必须全面系统地研究配方、材料与加工过程等环节对最终产品的特性、感官质量的影响；研究各个环节之间的相互作用，明确各环节对产品风格质量的作用。

配方是产品基础，地位不可动摇，但也不能说配方就决定了最终产品的一切。在产品的系统化设计中，工艺对产品特征和感官质量的作用愈显重要，尤其是生产中所采用的加工方法和手段的多样性以及设备、参数、条件的可调性变大，使得工艺对改变原料质量特性的能力增强，因此在配方设计中对原料品质进行评价时，还应从原料的加工特性方面着重予以考虑。

系统化设计，需要注意四种关系：

① 整体与部分的关系。在配方设计中，在抓整体的时候，也注意局部的处理。特别是在设计产品的结构配方时，合理地处理好整体配方中的各个局部模块的质量水平和风格特征，才能更好地设计出产品配方，而不能用整个配方设计去弥补或者解决某个局部模块固有的质量问题或风格特征问题，这个大坑是没有填的。

② 矛盾的普遍性和特殊性的关系。对于配方设计的各个技术指标，不可能要求某一个配方的所有技术指标都处于最佳，而只能是一种总体上的综合最佳。各个技术指标不可能最佳，这个可以看作是矛盾的普遍性；各技术指标可以达到一种总体上的平衡值，这可以当作是矛盾的特殊性。将这些思想贯彻在配方技术发展的历程中，可以纵向地开发出了不同类型、不同价位、不同风格的产品。

③ 主要矛盾和次要矛盾的关系。首先抓住它的主要矛盾，也就是配方设计中的关键因素。只要关键因素、主要矛盾、主要难点处理好了，也就有可能实现配方设计的目标了。处理好配方设计中的主要矛盾和次要矛盾之间的辩证关系，配方技术才能不断提升，迈向一个新的高度。

④ 量变和质变的关系。量变是质变的必要准备，质变是量变的必然结果。在研发过程中，很多的技术目标，是一个配方、一个配方地解决掉的，从而达到整体的技术目标实现。没有先前的、可行性的方案讨论和之后的实践，就不会有产品配方设计的完成。

三、两大创新法

主要的创新方法有两类：材料创新、结构（组合）创新，如图3-3。

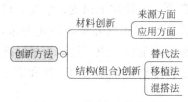

图 3-3 创新方法的内容

1. 材料创新

构成产品的物质是原料，原料是设计的物质基础，是产品技术和特性的物质载体，是实现产品形态的物质基础。随着原材料科学的发展，探索和发掘新材料的潜力，对于产品创新非常有价值，非传统原料的应用往往预示着新的发展趋势。

从配方设计的历史来看，新材料的发现、发明和应用意味着新的设计规律的创造和应用，极大地刺激和促进了产品设计的发展。基础材料的创新，新材料的研究和发展，促进了产品形式的多样化，是新品种、新风格的来源，新材料的出现都会带来新的设计的品种，形成不同的特性，为产品设计带来新的创意和应用。

材料创新，表现在材料的来源和应用两个方面。

（1）在来源方面的材料创新

主要集中于以下几个方向：

① 由于认识、加工技术、手段等原因未纳入视野的原料。例如，杂粮及薯类不含面筋，未用于方便面的生产。四川濠吉集团玖玖爱食品有限公司通过研发，攻克了这个技术瓶颈，破解了杂粮方便面在断条、口感、成型方面的技术难题。推出的六粮面以荞麦、玉米、马铃薯淀粉、红薯淀粉及大米、小麦为原料，4＋2粗细粮搭配，有利于人体吸收；青稞面以青稞（95％以上）为主要原料，富含铁、锌、镁、维生素 B_1、叶酸等微量营养素，青稞面的膳食纤维含量超过10％，面块脂肪含量低于2％，属低脂型营养健康方便食品。

随着科技的进步，世界范围内种植技术的发展也非常迅速，并呈现出产业化趋势，这为食品生产过程提供了更多的原料支撑。很多高新技术的运用为改良食品加工特性奠定了良好基础，食品原料越来越多样化。

② 新资源食品。这是在中国新研制、新发现、新引进的无食用习惯的，符合食品基本要求，对人体无毒无害的食品。我国已批准了：仙人掌、金花茶、芦荟、双歧杆菌、嗜酸乳杆菌、低聚木糖、透明质酸钠、叶黄素酯、L-阿拉伯糖、短梗五加、库拉索芦荟凝胶等一大批的新资源食品。

③ 食品添加剂。这是为改善食品品质和色、香、味以及防腐和加工工艺的需要而加入食品中的化学合成或者天然物质，包括营养强化剂和食品加工助剂。依据

GB 2760—2014《食品安全国家标准　食品添加剂使用标准》的规定，许可使用的食品添加剂多达 500 多个品种，食用香精香料单独分类，品种更多达 1200 种以上。这是一座大大的宝藏，值得去发掘，新的应用、新的组合能够呈现出新的效果。

（2）在应用方面的材料创新

主要有两种方式：一是将新材料应用到传统产品，让传统产品展示了新的质感和新形象；二是通过传统原料的新应用，改变产品的用料习惯。

即使是老原料、老成分，但发现其有新的功能或新的作用机制，这也是一种创新。如北京联合大学生物活性物质与功能食品北京市重点实验室曾对咖啡因进行过研究，它兴奋中枢神经系统的作用是世人皆知的，但是它的腺苷受体阻断剂的作用，即能激活体内激素敏感性脂肪酶，具有动员脂肪，达到抗疲劳和减肥作用却少为人知。此外，它还能提升脑内管理短期记忆的神经结构——海马的乙酰胆碱（Ach）的水平，从而改善老年记忆障碍。因而用咖啡因的腺苷受体阻断剂的作用开发抗疲劳、减肥和改善老年记忆障碍的保健食品也是一种创新。

2. 结构（组合）创新

不同的原料其特性各异，人们在长期的实践中学会了如何使用、组合它们。伴随着人们对原料特征的逐步认识、不断加以应用，不少新的结构组合发展起来，新产品层出不穷。

结构的创新设计包括整体结构的创新设计和局部结构的调整和创新设计。产品的结构创新不但能优化产品的性能，还能改善产品制造的工艺性，是产品创新设计的重要来源。创新方式主要有以下几种：

（1）替代法

随着经济的发展和生活的改善，国际上对环境和健康日益关注，对食品安全问题的日益重视，回归大自然、崇尚绿色、健康饮食成为新的消费潮流。

相比动物蛋白，植物蛋白质是一种更健康、也更有可持续意义的选择，因此越来越普遍。植物蛋白产品的发展趋势：一是素肉产品潮流化，二是传统植物蛋白饮料来源、风味多元化，表现形式多元化（零食、冰激凌、甜点），功能化（双蛋白、发酵、加入膳食纤维）。

食品添加剂的发展趋势之一，是原来用合成法生产的品种，也转而开发从天然物中提取。如 β-胡萝卜素，过去市场上的商品主要是合成的，但近年来从盐藻等天然物中提取的 β-胡萝卜素有所增加；又如苋菜红过去以合成法为主，后来又推出从苋菜提取的天然苋菜红；许多从植物中提取的天然色素，均具有生理活性。

"天然"、"健康"的理念，一直影响着甜味剂市场。由于消费者对阿斯巴甜安全性的担忧，百事公司在其健怡可乐中用三氯蔗糖和乙酰磺胺酸钾（Ace-K）的混合物取代了阿斯巴甜。

（2）移植法

跨界，从不同角度考虑并超越限定，将在其他食品领域习以为常的实践方法用于启发灵感，以获取有价值的资源。在某个细分领域被过多使用的原料或方法可能会带来超乎想象的成果。

（3）混搭法

一个完整的产品往往由多种原料组成，突破原有产品原料组合的惯用性，形成新的组合。例如，复合式的产品越来越多，"酸奶＋大枣"，"酸奶＋颗粒"等主料＋复配的混搭方式将越发流行。归根结底，这是紧随消费者追求多变性和新鲜感的需求而产生的，而也正是这些需求促进了食品行业的迅速发展。

新材料给配方设计带来创新的空间，创新设计方法为配方设计提供思维与方法。原料是设计的出发点，通过了解最新信息，了解、精通并研究材料的相关知识，在运用时就能较好的综合信息，提出更多设想，作出更多发现，提高设计效率。

第四章
工艺创新设计

Chapter 04

工艺创新设计，指设计、采用某种新的加工方法，创造新的工艺过程、工艺参数，也包括改进或革新原有的工艺条件。

点燃创新的速度与激情，超越竞争对手，这既是对配方设计的要求，也是对工艺设计的要求。

- 工艺设计的方法：工艺性设计，文件编制，设计工艺性评价
- 创新知识的来源：技术实践，反思、复盘，数据库信息网站，技术专利，创新案例，专家经验
- 工艺创新的方法：建立基础，工艺定位，发展雏形，技术整合

面对社会需求向多样化、个性化的发展变化，企业面临的挑战是：如何迅速响应市场多样化和不确定的需求？

点燃创新的速度与激情，超越竞争对手，这既是对配方设计的要求，也是对工艺设计的要求。

配方设计解决生产什么样的产品的问题，至于采用什么样的设备和工艺装备，按照怎样的加工顺序和方法来生产这种产品，这是工艺设计来解决的问题。也就是说，配方设计解决做什么，工艺设计解决怎样做。

工艺设计是产品设计工作中的一项重要因素，它直接决定了产品的可制造性，是采用经济、合理和可靠的方法制造产品的基础。

工艺创新设计，指设计并采用某种新的加工方法，创造新的工艺过程、工艺参数，也包括改进或革新原有的工艺条件。工艺创新既要根据新设备的要求，改变原材料、半成品的加工方法，也要求在不改变现有设备的前提下，不断研究、改进操作和生产方法，以求使现有设备得到更充分的利用，现有材料得到更合理的加工。主要内容如图 4-1。

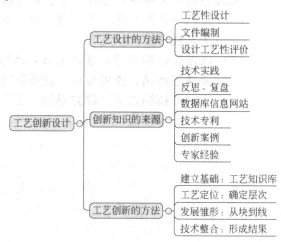

图 4-1　工艺创新设计

第一节　工艺设计的方法

工艺就是制造产品的方法。工艺设计过程需要综合考虑产品的结构和工艺信息、生产条件、技术现状、实际需求等相互影响的因素，从而采用不同的决策方法来实现。这是一项非常复杂而细致的工作，除极少数非常简单又比较成熟的工艺流程外，都要经过由浅入深、由定性到定量、反复推敲和不断完善的过程。

工艺设计的内容如图 4-2 所示。工艺性设计主要从硬件方面入手，文件编制主要从软件方面入手，两者是一体的，是同步进行的。

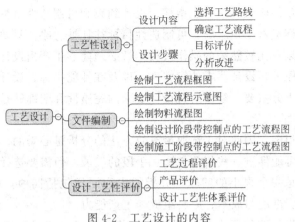

图 4-2 工艺设计的内容

一、工艺性设计

包括两方面的内容：一是设计内容，二是设计步骤。

1. 设计内容

（1）选择工艺路线

在保证产品质量、安全、卫生的前提下，本着经济合理的原则，可以采用不同装备水准的工艺技术，通过多种工艺途径的比较，追求投入产出比最大化，进行综合决策。

当一种产品存在若干种不同的工艺路线时，应从工业化实施的可行性、可靠性和先进性的角度，对各工艺路线进行全面细致的分析和研究，并确定一条最优的工艺路线，作为工艺设计的依据。

常用的选择方法是工艺成本分析法。采用此方法无需分析产品全部成本项目，而只要分析与工艺过程直接有关的成本费用，即工艺成本。工艺成本费用由可变费用和不变费用组成。对那些与工艺过程有关但在任何一种比较方案中其本身数值不变的费用，可不计入工艺成本之内。

在选择工艺路线时，应特别注意工艺路线中所涉及的关键设备和特殊工艺条件或参数。一些工艺路线常常因为解决不了工业化时的关键设备或难以满足所需的操作条件或参数，而不能实现工业化。

（2）确定工艺流程的组成和顺序

根据选定的工艺路线，确定工艺流程的组成，明确主要设备、操作条件和基本操作参数（如温度、压力等）。在此基础上，确定各设备之间的连接顺序以及载能介质的技术规格和流向。

2. 设计步骤

（1）目标评价

正确的定义问题是解决问题的关键，因此，评价这一环节的重要性不容忽视。

系统的技术条件应该包括性能指标、设计约束和可制造性目标。然而，性能指标和可制造性目标经常出现矛盾，可制造性目标往往被忽略。只要企业拥有必需的基本设备和技术以及比较熟练的操作人员，就必须能够生产出设计者所设计的最终产品。鉴于这种原因，设计要求的完整性，以及在性能指标、设计约束和可制造性目标之间的权衡十分重要。复审所有设计要求的完整性和明确性是十分必要的。

（2）分析改进

可行的方法很多，因此对于选取最有效方法的分析是必需的。

特殊的问题可能促进一些相关方法、手段的发展，但需要选择设计方法的步骤是相同的。即使是一个很小的问题，分析的内容同样包括四项：设计选择中的风险、功能与成本、进度与成本、原料组成与生产能力。

设计方案最终要转化成产品的制造和包装，从概念变得具体。产品原料、质量、可靠性等都将被审查。另外，载荷、汽压、流量、温度和配合等的分析也将同时进行。

对于目标评估与分析改进的重要性，我们举一个例子来说明。

在 20 世纪 80 年代初，中国在油炸方便面起步生产的同时，也开始生产非油炸方便面。非油炸方便面的生产过程，除了用热风干燥代替油炸之外，其他过程和设备大致相同。这种当时称之为波纹面的非油炸方便面，在最初几年，发展速度和规模远远超过油炸方便面。当时的非油炸方便面必须煮食，不能冲泡即食，缺乏油炸方便面那种可口的油香风味，再加上消费者消费能力的增加，油炸方便面越销越旺，非油炸方便面市场快速萎缩，没有几年，非油炸方便面生产企业成百上千地关闭。

冲泡式油炸方便面的主要优点是：油炸时面条能形成大量的微小空穴，复水性好，用开水冲泡 3～4min 即可食用，并且经油炸后糊化度高，口感好。

非油炸方便面的生产工艺是：采用较低含水量（含水量一般都在 36％以下）的湿粉团，用压片方法制成面条，然后进行蒸面和干燥。这种传统生产工艺的面条中无法形成微小空穴，复水性远差于油炸方便面，开水冲泡 6min 后才能勉强食用。

非油炸方便面在日本有超过 40 年的历史，但其市场占有率一直低于 20％，原因是其制作工艺比较繁琐、成本较高，而且非油炸方便面遇开水不容易变软（即复水性差），口味也没有油炸的清爽、鲜美，所以消费群体也只有那些想控制脂肪摄入量的高血脂患者和爱美女性。

尽管如此，非油炸方便面还是方便面行业的梦想。每当油炸方便面市场不太景气的时候，不少企业和行家就会努力提高非油炸方便面的复水性和品质，推出非油炸方便面类的各种产品。由于始终摆脱不了传统技术的固有局限，产品的复水性和食用品质变化不大，结果事与愿违，不能形成新的产业。在屡战屡败的情况下，不少人把失败归因于营销理念和策略失误、资金链短缺、宣传不力等，却忽略了产品达不到冲泡式方便面最基本的品质要求这个关键性的原因。

在这种无视客观事实的错误思维影响下，2004 年中旺集团北京五谷道场食品技术开发有限公司注册成立，2005 年 10 月大手笔强力推出"五谷道场"非油炸方便面，以非凡的宣传和营销力度，使这种"更健康"的非油炸方便面在一夜之间变成了热门产品，当年产量突破 10 亿包，同比增长 230% 以上，引起方便面产业界的极大关注。到 2006 年 5 月底，五谷道场已形成 8 条班产 10 万包非油炸方便面的产能。五谷道场在短短的 1 年时间做到了 5 亿多元的销售额，荣登 2006 年"中国成长企业 100 强"的榜首。

然而，不到三年的豪赌，换来的却是这个非油炸方便面的大型企业以破产而告终，划上了令业界震惊和遗憾的句号。在总结失败的教训时，许多人将其归因于其经营策略和资金链的失败，却忽略了一个更深刻的原因——非油炸方便面的食用品质没有达到油炸方便面的水平。换句话说，非油炸方便面的复水性和口感质量远远达不到冲泡方便面的基本要求，难以为广大消费者所接受。这一缺陷是不能通过资本、宣传、品牌和营销策略来消除的。

从发展历史来看，非油炸方便面产业的屡屡受挫并不是偶然的。最根本的原因是采用传统工艺技术的制约，是这个产业发展不起来的症结所在。

现在，通过工艺创新可以突破这个症结。不再采用低水分含量的压片工艺，而是在熟化过程中，面条的含水量高达 50% 以上，远远高于传统工艺的面团含水量。在糊化过程中，充足的水分在达到沸点蒸发时能在面条中形成许多微小的空穴，这是良好复水性的必要条件。此外，含水量高的面条在糊化时能够充分吸水膨胀，获得较传统工艺面条更高的糊化度，提高了面条的韧性和口感质量。最终的产品可以完全达到冲泡方便面的要求。

二、文件编制

文件编制是连接设计和生产的桥梁。它对无数的分析、调查、替代和改进结果进行详细说明。它是设计师、操作员以及很多其他人员之间的信息传达手段，是提供材料、人力和制造成本初步预算的工作手册。

一般包括以下内容：工艺流程、各工段和各个工序所采用的工艺装备及操作规程、明确生产工艺的主要技术参数和操作要领。

文件编制的主要步骤包括：

（1）绘制工艺流程框图

当工艺路线及工艺流程的组成和顺序确定之后，可用方框、文字和箭头等形式定性表示出由原料变成产品的路线和顺序，绘制出工艺流程框图。

（2）绘制工艺流程示意图

在工艺流程框图的基础上，分析各过程的主要工艺设备，在此基础上，以图例、箭头和必要的文字说明，定性表示出由原料变成产品的路线和顺序，绘制出工艺流程示意图。

（3）绘制物料流程图

当工艺流程示意图确定之后，即可进行物料衡算和能量衡算。在此基础上，可绘制出物料流程图。此时，设计已由定性转入定量。

（4）绘制设计阶段带控制点的工艺流程图

当物料流程图确定之后，即可进行设备、管道的工艺计算以及仪表控制设计。在此基础上，可绘制出初步设计阶段带控制点的工艺流程图，并列出设备一览表。

（5）绘制施工阶段带控制点的工艺流程图

初步设计阶段的工艺流程设计经审查批准后，按照初步设计的审查意见，对工艺流程图中所选用的设备、管道、阀门、仪表等作必要的修改、完善和进一步的说明。在此基础上，可绘制出施工阶段带控制点的工艺流程图。

当然，上述设计程序不是一成不变的。根据工程项目的难易程度和设计人员的技术水平，工艺流程的设计程序会有所不同。例如，对一些难度不大、技术又非常成熟的小型工程项目，经验丰富的设计人员甚至可以直接设计出施工阶段带控制点的工艺流程图。

三、设计工艺性评价

只有通过设计工艺性评价，才能反映出产品是否容易在企业的制造能力下被生产出来。设计工艺性的评价伴随着整个设计工艺性分析过程，而且随时可以进行，不只是在产品设计方案确定以后。

设计工艺性评价一般从以下三个方面开展。

（1）工艺过程评价

工艺过程评价是指了解工艺能力并控制工艺波动来保证高质量产品。工艺波动会导致产品质量的不稳定，因此，有效的工艺过程评价、数据分析和工艺调整可以保证工艺可控制、工艺波动在设计允许的范围内。

（2）产品评价

产品评价指评价产品是否满足客户要求，如质量、成本和交货期等，同时又满足企业内部的目标，如尽量减少产品的开发成本、增加利润空间等。

（3）设计工艺性体系评价

设计工艺性体系评价指在整个企业范围内，针对每个研制（新开发或改型）产品所进行的综合评价。评价的指标一般包括成本、时间、质量和风险。其中质量一项，在产品开发早期使用顾客满意度、竞争能力等指标；在产品开发后期和生产与检验阶段一般采用缺陷数、废品率、工序能力指数等指标。

它需要在收集所有多个产品、工艺、生产数据的基础上，采用基准评定法，对比行业领先的企业进行多方面的综合测定。其目标是为了连续改进和完善企业的可生产性保证体系，就像企业质量保证体系一样。设计工艺性体系评价可以帮助识别体系的哪些部分或环节需要改进、加强，以便提高后续开发产品的可生产性。

第二节　创新知识的来源

工艺创新知识可分为公开的技术知识和暗含的技术知识。

公开的技术知识包括基础性的通用知识、工艺操作手册、工作要求、材料规格和质量要求等。

暗含的技术知识包含在生产、采购、研究与开发之中，包含在工作人员的经验和技能之中。暗含的技术要经过长时间的积累。不同企业有不同的暗含技术，体现企业拥有的特定的竞争优势。

从个人角度看，这些知识的来源可以分为来自公共领域和个人实践，主要包括以下几个方面：

一、技术实践

技术实践是工艺创新知识的重要来源之一。工艺创新要注重虚实结合，"虚"要关注到技术发展和竞争策略的变化，"实"是要提出具体的应对措施。"虚"能开阔眼界，提升能力，激发活力；"实"能发现问题，对症下药，改进工作。采取虚实结合的方式，既要仰望星空，也要脚踏实地，既保持认识上的清醒，又保持行为上的务实。

现在我们国家有很多科研成果不能转化为现实生产力，最大障碍就是不敢尝试或者说不愿意尝试，因为尝试是很辛苦的事。"想"固然很重要，"试"却是要冒风险的，它比"想"对人的要求更高，对人的吃苦耐劳精神以及承受压力的心理素质，都是巨大的考验。因为"试"就意味着有成功、有失败。失败了，会带来很多压力。坐而论道的讨论是最轻松的。坐而论道，只说不做，说说而已，如果成功了，算说对了，不成功，也没有关系。企业不能形成这样的氛围，需要的是实干，需要去试。只有通过试，才能检验想法，才能检验实验室的成果。总之，所有的科学思想，所有的实验室的成果，都要通过实际的实验，即放大，通过一系列的实验来检测，通过试验，才能完善我们的想法，不断修正我们的想法。

例如，乳品的技术实践在两个方面，一是实验室，二是生产车间。

乳品实验室是技术实践的主要基地，宜配置乳脂分离机、均质机、胶体磨、软质冰淇淋机等各种小型乳品加工实验设备，根据不同乳制品加工的特点和要求，能够对不同的产品配料进行加工操作，从而为研发人员进行实验操作提供良好的实验条件。

生产车间是工艺技术信息的来源，也是工艺创新知识发挥作用的目的地。它是生产第一线，是食品企业组织生产活动的核心场所，一旦订单计划下达，所有物料、设备、工艺、工人、产品设计资料等汇聚于此，最终产品在此制造完成。

二、反思、复盘

反思其实是一种学习能力，反思的过程就是学习的过程，如果我们能够不断反思自己所处的境况，并努力寻找解决问题的方法，从中悟到失败的教训和不完美的根源，并能全力以赴去改变，这样我们就可以在反思中清醒，在反思中明辨，在反思中变得睿智。

柳传志说："一件事情做完后无论成功与否，坐下来把当时预先的想法、中间出现的问题、为什么没达成目标等因素整理一遍，在下次做同样的事时，自然就能吸取上次的经验教训。这就是复盘。"反思其实就是复盘思维。

进行工艺设计与创新就不要怕错，失败的尝试并非一无是处，成功往往来自于对失败的清醒认识、分析失败原因、深入思考改进的方法。我们要重视那些不完整、不全面甚至错误的想法，积极思考、大胆设想。那些"失败的想法"往往与正确思路只有一步之遥，找准思考的切入点，修正思路，正确的思路就会水到渠成地浮现出来。有人评价说，乔布斯是一位天才的"悟败者"，从失败中领悟，从失败中成长。

反思、复盘有四个实施步骤：

第一步：回顾目标。当初的目的或期望是什么？将手段当成目标是我们常见的错误。回顾目标时，需要将目标清晰明确地在某一个地方写出来，以防止参与复盘的人员中途偏离目标。

第二步：评估结果。和原定目标相比有哪些亮点和不足。结果对比的目的不是为了发现差距，而是为了发现问题。

第三步：分析原因。事情成功和失败的根本原因，包括主观和客观两方面。

第四步：总结经验。需要实施哪些新举措，需要继续哪些措施，需要叫停哪些项目。

三、数据库信息网站

在当今网络技术大发展的背景下，充分发挥学科优势，运用网络来获得专业知识，已经蔚然成风。对于解决不了的专业问题，一般都是先在网上查找或交流，希望借助网络来解决。

大型数据库信息网站是由专门的数据服务商开发，满足一定研究区域的多个用户多种需要，按照一定的数据模型在计算机存储设备上组织、存贮和使用的海量的数据集合，并且提供了诸如文献名（书名、题名或篇名）、作者、文献出处、自由词、主题词（关键词）、分类等专业的充足的检索手段以供用户使用。其中，既有文献型数据库，也有参考工具和多媒体数据库，涉及图书、期刊、学位论文、会议文献、标准、研究报告数据、政府出版物、专利等多种出版类型。

大型数据库信息网站提供的学术信息资源不仅涉及的学科广、数量大，而且原始资源都经过了严格的遴选，其专业性强，质量高，具有丰富的检索手段，是进行食品类学术研究不可或缺的重要工具。

目前，国内外提供此类服务的网站非常多，一般都会提供集团购买（如所在单位的图书馆、信息中心集体购买一定时间范围内的使用权）、个人购买（按次或时间段缴费）等多种方式。国内的数据库主要有 CNKI、万方等收费数据库。CNKI的知识搜索对于国内的学术研究也有一定的帮助作用。在免费数据检索方面，高等学校中英文图书数字化国际合作计划推出的 CADAL 颇值得一提。

此外，研究者与研究团体、协会建立的学术网站也值得关注。例如，食品伙伴网、糖果工业网等。

四、技术专利

技术专利具有创新性和实用性，能及时反映新技术、新工艺、新方法等方面涉及的多学科领域的最新研究成果，是形成工艺创新原理以及方案的重要来源。

工艺专利因其具有创新性和实用性的特点，而成为工艺创新设计的重要知识来源。工艺专利一般是为解决现有工艺问题中的技术冲突而提出的一种新工艺方法或解决方案，蕴含了求解工艺问题的多学科原理性知识，可为工艺创新设计提供参考。设计人员在找到与当前创新设计相似领域的工艺专利后，通过分析研究其创新原理及方案，可以获得求解特定问题的启发和灵感，并使创新设计更具条理和可预见性。针对不同工艺创新任务，需要不同分类的工艺专利来启发设计人员的创新灵感。

对技术专利进行分析的方法分为两类：定量分析、定性分析。

1. 定量分析

定量分析是利用专利分析指标对专利文献有关项进行统计与排序，并对有关的数据进行解释和分析，从而得到研究技术领域的发展态势。相关指标包括申请日期、申请人、专利权人、发明人、分类号等。主要通过数量、时间或排序等统计，将零散的信息转化为有价值的信息，以统计图表的形式显示，有利于解释、评估具体技术领域的技术、产业和市场发展趋势。

定量分析方法主要是技术生命周期、专利地图和引文分析等。

（1）技术生命周期

可以确认技术发展的不同阶段：萌芽阶段，重要基本发明的诞生；成长阶段，应用发明专利在相关领域逐渐遍及；成熟阶段，改良发明专利和实用新型专利大量涌现；衰老阶段，发明专利和实用新型专利逐渐减少，而外观设计和商标申请数量相对升高。

（2）专利地图

是对技术信息、经济信息及法律信息等大量错综复杂的信息转化为可视性强的专利分析图，易于理解。

（3）引文分析

可以理清技术发展脉络，通过专利技术引证关系与时间性的结合，找到技术发展脉络，理清各时间段热点技术，支持技术决策。

2. 定性分析

定性分析也被称为技术分析，是指对专利说明书内容进行归纳分析，以了解某一技术的发展状况，具有很强的专业性，需要专利信息工作者与专业技术人员密切配合。

通过专利文献的引证指数和同族专利指数这两个指标，并结合人工阅读来衡量其重要程度，可以获得核心专利文献，对这些文献的技术内容进行详尽的分析，并在此基础上，进行相关的比较研究，从而得出研究发展方向、专利壁垒、技术引进、风险化解等方面的结论。

技术功效分析通常由技术和功效来构建功效矩阵进行分析，可以看出专利申请的关键点上不同的技术需求的集中度。较为集中的可以确定重点/热点技术，申请量较少的可以认为是空白点技术。

此外，还可以从区域、国际专利分类/美国专利分类（IPC/UPC）、申请人分析和发明人等方面进行分析。

五、创新案例

食品企业在发展过程中，不仅留下了各种创新成果，也留下了许多创新的案例。这些创新案例和它们所带来的创新成果一样重要。

创新案例是指企业在解决具体制造问题时形成的有效解决方案。案例知识蕴含着丰富的设计经验，它是将一般知识与经验知识相结合的综合体，案例知识是表达隐性知识的好方法。

创新案例能够较好地反映企业自身的制造能力和特点，可以为类似的工艺难题求解和创新方案设计提供直接的参考。基于案例的设计在解决设计问题时，使用以前求解类似问题的经验来进行设计启发，不需要从头再来，失败的经验是用来避免同样的错误，成功的经验是用来指导目前的设计。

因此，案例知识是设计知识的重要载体，设计师通过设计案例学习和研究，进行对案例知识的推理、演化，可以激发创新者的创新思维，触类旁通，找到解决当前设计问题的方法，大大提高创新效率。

六、专家经验

经验是指从多次实践中获得的知识、技能。专家经验是指存在于专业技术人员脑海中的制造领域的加工诀窍、经验方法等。

现代知识管理研究表明：所有知识当中，只有20%是显性知识，也就是那些把对事物及其运动规律的看法表述出来，让大家看得到、听得到的知识，而另外

80%的知识和经验深藏于员工的内心，这些难以用文字语言等表达的知识是隐性知识。

在我们企业的实际工作中，专家经验更多体现在具体技术问题解决、事故处理过程中，深藏于专家内心，是常年工作和学习累计的智慧结晶；这种知识更多的是可意会而不可言传，加大了企业对个人的依赖。

相同的实践经历，不同的人获得的体验是不一样的，如同你虽然知道烤面包的程序，却不等于能烤出好面包一样，许多"老法师"在工作中有很多"绝活"，但由于知识的特性，使他们在带徒弟时难以有系统讲授，或者不轻易传授。在具体工作中，并不是每个员工都能很好地表达清楚和管理好自己的知识，更少有人能够有时间坐下来把这些知识输入到一个系统中去，而且需要适合组织特点的知识系统。例如，一个产品研发小组可能会设计出一种很棒的新产品，但小组中可能没人会有时间、会愿意把项目过程中的技术传达并描述出来，写入知识库。组织内的很多人也未必能够了解研发过程中的具体技术。

如何将隐性知识显性化呢？从理论上分析，可以通过发现、挖掘、引出和沉淀来推动知识从隐性转变为显性。"发现"，就是把在人们头脑中的经验、体会，通过案例、说明、总结、报告等形式表述出来；"发掘"，就是对数据进行有目的分析、统计，表述出他们所代表的意义及其背后的规律；"引出"，就是通过会议、调查等方式，把人们头脑中的思想火花引出来，然后"沉淀"下来，成为可读、可见、可听的知识。

第三节　工艺创新的方法

工艺创新的方法主要有四项，如图4-3所示。

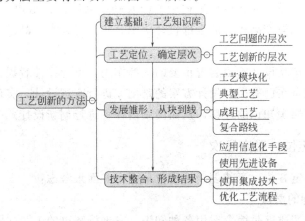

图4-3　工艺创新的方法

一、建立基础：工艺知识库

知识库是针对某一或某些领域问题求解的需要，而存储、组织、管理和使用的互相联系的知识集合。对知识库中的知识进行分层和分类，便于对知识进行管理；建立各层和各库之间的联系，将零散的知识形成知识网络或知识体，便于知识的应用。例如：

工艺流程库：集中产品加工的工艺流程资料。

工艺规则库：集中工艺处理的规则资料，可以处理运行时可能出现的各种情况。

工艺内容知识库：集中工艺节点对象的属性知识，这些知识包括工艺节点的类型、输入项和提示信息，以及等同工艺节点、上级工艺节点、工艺的具体内容（即工步内容）等。

工艺装备知识库与加工设备知识库：分别集中工艺中所用到的工艺装备与加工设备的相关知识和信息。

专利知识库：集中相关产品或技术的专利信息。

产品实例库：集中产品的实例知识。产品实例的知识是多种知识综合形成的知识，包含设计理论和设计方法的应用、产品的功能原理、结构等知识。通过借鉴已有产品知识，能够为新的设计提供很大的帮助，吸取成功的设计元素、规避设计风险。

专题知识库：以问题为中心，由各个专题的知识资源构成，它的内容是依据专题的知识结构来确定知识范畴和层次。专题知识库将各类基本知识抽取出来，放置到某个问题情境（专题），一方面使得抽象的、模糊的各类基本知识体现出具体的效用，让人对知识有更为直观的理解；另一方面，便于设计人员检索和使用一个专题的知识，而无需重复地在各个库中查找，从而提高检索效率。

专题知识是某类产品在设计过程中所涉及的产品属性、结构、特征以及规则、约束、经验等与此类产品相关的全部设计资源，它是对某类产品设计过程描述的具体知识。

专题知识对产品设计阶段起着重要的支撑作用，可为设计者提供类似设计的具体解决方案、或是在已有类似设计方案的基础上进行改进设计，实现具体设计知识的重用以及不同层次知识的迁移，从而激发设计者进行创新设计。

二、工艺定位：确定层次

定位是指确定方位。工艺创新的定位从两个方面来考虑：

1. 工艺问题的层次

工艺创新的实质就是综合运用各种知识，发现待解决的工艺问题中存在的技术冲突，并依据基本科学原理，逐步消解这些工艺冲突，从而形成新的或者改良的工艺方法的过程。根据问题求解的创新程度，可将工艺问题分为五个层次：

第一层问题，是通常的工艺设计问题，技术人员可以用自己的经验解决。

第二层问题，是解决现有技术冲突，从而对已有的工艺进行局部改进。这是利用本行业中现有的方法或从其他企业引进相关技术可以解决的，是一种引进创新。

第三层问题，对现有技术方法进行根本性的改进，这需要综合采用行业外的方法、技术以及其他领域的科学知识来解决，这是一个综合创新。

第四层问题，是采用全新的科学原理，来完成已有工艺系统基本功能的新解，新解的发现主要是来自于科学原理而不是工程技术，这是一种原始创新。

第五层问题，是将同一领域或不同领域的一些局部规律统一起来，形成新的原理，由此发现或创建一个基本的工艺理论。

2. 工艺创新的层次

工艺创新分为三个层次：

① 源于企业发展战略的工艺创新，它是依业界发展趋势来看必然要发展的，如 Cell 生产（细胞生产），LP（Lean Production，精益生产），FMS（Flexible Manufacturing System，柔性制造系统）等。

② 源于产品创新的工艺实时创新，即产品研制阶段的工艺创新，其创新源于新产品设计时就有的生产技术瓶颈，主要为正在研制的产品服务，这一阶段的工艺创新更多的利用现有技术进行二次开发。

③ 源于批量生产阶段的工艺创新，目的是能够在大批量的生产同时，更好的保证产品质量，提高劳动生产效率，降低成本，实现企业的最大效益。

三、发展雏形：从块到线

这是指：工艺模块化→典型工艺→成组工艺→复合路线，即由模块进行组合、形成生产线雏形的过程。

1. 工艺模块化

工艺模块化是将模块化思想引入工艺制定过程，通过将生产工艺划分出工艺模块，由工艺模块组成生产线。工艺模块具有以下特点：

① 工艺模块是可以重用的。工艺模块具有相对独立性，不同的相似特征模块往往有相似的工艺，因此相应的工艺模块可以重用。

② 工艺模块是可拓展的。工艺模块在重用过程中可能要进行适当的拓展，才能满足要求，如此修改的结果可以形成工艺模块系列，从而具有更大的适应性。

2. 典型工艺

典型是指足以代表某一类事物特性的标准形式。

典型工艺是指把某些工艺路线相似的归为一类，并为它们编制通用的工艺规程。

典型工艺是一种提高工艺准备工作质量、减少工艺准备工作量、缩短工艺准备周期的有效方法，而且典型工艺还可促进整个工艺准备管理工作适当的标准化和有序化。

3. 成组工艺

成组技术是揭示和利用事物间的相似性，按照一定的准则分类成组，同组事物能够采用同一方法进行处理，以便提高效益。这是利用事物客观存在的联系对事物进行系统化、科学化的聚类处理。

成组工艺就是采用成组技术的基本原理，对产品工艺进行设计和管理的方法。它有效提高了生产柔性，很好地解决了多品种小批生产的问题，有很好的应用价值。

4. 复合路线

面对产品品种多、批量小的情况，对企业的产品质量和敏捷性提出了更高的要求。企业在产品设计中一个重要的合理化要求，就是能重复使用已经设计过的现成的结构或结果，从而降低设计费用和生产周期。

复合路线法是从分析加工的工艺路线入手，从中选出一个工序最多、加工过程安排合理并有代表性的工艺路线，然后以此为基础，逐个与其他产品的工艺路线比较。把其它类型的产品工艺特有的工序按合理的顺序补充到代表性的工艺路线上，使它成为一个工序齐全、适用于同一类型所有产品的复合工艺路线。

它能有效地表达在变型设计过程中所需的各类信息，从而为设计问题的求解提供支持。然后其他类似的产品都是在此基础上的变型设计，所谓的"留大同变小异"就是实现方法的体现。

这是充分利用了已有的设计工作，在复合工艺路线的基础上，根据需要，通过部分模块的替换、修改和创建，即可快速实现变型设计，这种做法显然比一切从头开始要快捷得多。

四、技术整合：形成结果

这里的整合，是指技术整合，主要有四种方式：

1. 应用信息化手段

近年来的研究表明，信息化扩展和丰富了制造业企业的资源，并成为工艺创新的战略核心资源，对提升工艺创新能力具有重要意义。信息化改变了工艺创新模式，重构了工艺创新过程，成为制造业企业进行工艺创新的强有力手段。

食品行业的信息化，可分为机械设备生产企业的信息化、食品本身生产过程及管理的信息化、面向消费者的物流过程信息化。

例如，啤酒与饮料灌装系统包括吹瓶机、灌装机、在线检测设备、贴标机、热膜包装机、码垛机等，还包括直线型的灌装机设备、分拣与输送机构。在此基础上信息化可分为多层，最底层是现场仪表和执行机构，如电磁流量计、pH 计、电导分析仪、溶氧测量系统、流量计、浓度计、密度计等；第二层是工艺过程控制系统和厂房环境监控系统；第三层是制造执行系统（MES），智能生产运营管理系统。

目前，在食品制造企业中，各种信息化技术应用得较为广泛，从简单的计算机应用到复杂的大型 ERP 系统，从供应链管理到客户关系管理系统，从办公自动化到采用计算机辅助设计（Computer Aided Design，CAD）、计算机辅助工程（Computer Aided Engineering，CAE）、计算机辅助工艺过程设计（Computer Aided Process Planning，CAPP）、计算机辅助制造（Computer-aided Manufacturing，CAM）系统都有成功实施的案例。双汇实业、伊利集团、江苏雨润、光明乳业、顶新国际、燕京啤酒、青岛啤酒、蒙牛乳业等就是其中突出的代表。

例如，青岛饮料集团先后斥巨资实施应用了 CRM（客户关系管理）系统、EBP（企业资源计划管理）系统、ESMS（电子仓储管理系统）等，由此构成的管理平台应用了无线射频技术、无线扫描等先进的信息技术手段，全面升级应用了产品数据管理、条码管理、仓储优化、生产跟踪、原料管理等质量管理技术，提供了一套先进的、集成化的、高效的产品质量跟踪追溯管理平台，从而确保每一个环节的质量可以追溯，达到安全管控的目的。

2. 使用先进设备

随着食品工业的发展，设备现代化水平的提高，设备在生产中的作用与影响日益扩大。由于理论的研究工作日趋完善，工艺与设备的进一步改进以及现代技术的广泛应用，已导致了许多新工艺新设备的出现。

目前多数大型食品企业自动化程度较高，智能化技术应用于生产线，生产效率较高。但仍有较多小企业仍然采用较为落后的手工操作、单机操作方式，这种方式的生产效率低且不稳定，不安全因素多，操作人员过多、劳动强度大，造成大量的人为资源浪费。

设备的先进与落后，主要是取决于设备所采用的技术是否是目前最成熟和最新的技术。使用先进设备，或者用先进的技术对原有设备进行局部改造，以结构先进、技术完善、效率高、耗能少的新设备来代替陈旧设备，是工艺创新的普遍方式之一。

我们以卜留克酱腌菜加工为例来说明。

卜留克酱腌菜加工在我国北方地区有悠久的历史，但主要是家庭式的生产，手工操作工艺，劳动强度大，工效低，生产场地大，产量低，产品易受污染，酱腌菜质量安全保险系数小，并影响环境卫生。生产工艺存在问题，如形成池头、缸头、坛头霉烂变质，有的酱腌菜脆度不足，色泽差，滋味不纯、有异味等，这主要与生产工艺及操作方法有关。过去在生产过程中，大部分工序都是人工操作，只有切丝和灭菌配备了机械设备。

进行工艺创新，从这些方面进行自动控制：取菜采用抓斗，取消用人取出的手工方式；洗菜采用滚筒水喷式方式，洗菜用水是脱盐用水的回收利用；切制采用自动给料，自动切制；脱盐采用三级分段脱盐；为了保证脱盐的均匀性，脱盐机使用水循环喷淋和气动搅拌系统；在线盐分检测，通过将水中电导率的数值转换为盐分值实现盐分的测定；根据设定的盐分，脱盐系统自动控制比例阀调整脱盐用水量，来达到脱盐的目的；脱水采用皮带传输，气囊加压的方式，脱水压力气囊的压力自动控制，可以连续进料，连续出料；包装采用自动包装机进行，自动装袋，自动加汁，然后真空包装完成；自动灭菌系统，灭菌温度误差为1℃，灭菌冷却系统也采用自动控制。

由此，酱腌菜实现机械和自动化生产，可减少自然带菌率，减少环境污染，提高产品的质量，降低产品含盐量；同时自动化生产还能提高工效，降低成本，增加企业的经济效益。

3. 使用集成技术

（1）定义

集成的英文表达为 Integration，与集成有关的概念还包括协同（Synergy）、组合（Combination）、协调（Collaboration）、合作（Cooperation）、交互（Interaction），包含了综合、融合、沟通、交互，使之成为整体的意思。

从系统论角度看集成，集成是指相对于各自独立的组成部分进行汇总或组合而形成一个整体，以及由此产生的规模效应、群聚效应。

从本质上讲，技术集成是在市场需求的前提下，将各分支技术选项以最合理的结构形式创造性融合，形成一个优势互补、匹配的产品。

技术创新的过程是各种资源要素尤其是知识资源要素的综合运用过程，更是创造性的融合过程。技术创新过程的集成促进了各种资源要素经过优选，并以适宜的结构形成一个有利于资源要素优势互补的有机整体。

（2）基本形式

集成创新对于产品设计而言，主要是对信息的集成，包括对信息的吸收、分类、提取、分析、整合，不同的信息集成方法对信息的有效利用、高效产出具有较大的影响，信息集成一般有两种形式。

① 迁移组合　迁移组合是较基础的集成形式，即将一件事物的要素迁移到另一件事物上来，形成新的事物。迁移组合的优点在于操作简单、针对性强、效率高，但是迁移组合不能够将资源充分利用，容易造成分析研究的不完整、不透彻，影响集成事物的完善性。

迁移组合是一种线型思维方式，往往作为设计师个人行为展开，也一般基于设计师的个人经验进行构思、判断、取舍，对设计师的个人经验要求较高。作为产品集成创新的基本形式，要素的迁移过程也必然存在创造性的集成过程，需要遵循能效放大原则。

② 矩阵组合　矩阵组合是基于迁移组合而产生的一种新的组合形式，矩阵组合比迁移组合更具系统性，它强化了对要素资源的充分利用，通过矩阵组合将设计

要素进行表格排列，相互交叉碰撞，寻找创意突破点。表格的形式能够融入更多的设计要素，思路较迁移法更清晰、更有条理。对集成的成果可分别打分，进行优选、备选、修改、舍弃等评价性标注，便于积累创新成果，也有利于设计者之间进行设计交流。

（3）举例

看似简单的食品创新，哪怕是一个简单环节的创新，其背后都是巨大的挑战。例如，美之源果粒奶优里添加椰果，看似简单，但却需要用到超高温瞬时杀菌、无菌罐装、在线添加果肉等技术。

为提高八宝粥产品质量，娃哈哈进行了技术改进，也是集成技术：①采用回转式高温高压杀菌，使罐内物料在杀菌和蒸煮成粥时，不会黏罐结团，且杀灭微生物达到商业无菌水平；②同时，将传统的熟料或半熟料装罐工艺，改为生料装罐，一方面生料因其淀粉等营养成分没有受热糊化，不易被微生物利用而受到污染，整个生产过程卫生状态会更好；另一方面生料黏度低，物料装罐时下料更容易，装量精度高。

还有更复杂的，如食品冷链。冷链是指根据物品特性，为保持其品质，从生产到消费的过程中，采用的始终处于低温状态的物流网络。食品腐烂变质是造成食品安全隐患与资源浪费的一个主要原因，同时不合格食品再次流入市场也是食品物流管理应该重视的环节。所以，适当的加工、包装和储藏技术可以显著延长食品的货架期。因此，冷链物流技术不断翻新，许多新技术也不断涌现并得到应用，对食品冷链健康发展起到了促进作用。这其实是一个深度的整合过程，将更多的技术整合在一起（见表4-1）。

表 4-1　食品冷链各环节物流技术概况

冷链环节	关键技术	具体应用技术	相关技术
养殖、种植	自动识别技术、温控技术、视频技术	射频识别技术（RFID）、条码技术、电子耳标、红外技术	种植养殖技术、消毒灭菌技术
生产、加工	温控技术、制冷技术、自动识别技术、解冻技术、隔热技术、冷加工技术、冰温技术等	预冷保鲜、冰温保鲜、负离子保鲜	加工技术、机械、自动化、包装技术、食品制作技术
运输、装卸搬运	定位跟踪技术、温控技术、制冷技术、传感技术等	冷藏车、冷冻车、全球定位系统（GPS）、温度追踪记录系统、"三温式"冷藏运输车	空间定位、网络传输等、机械、自动传输和分拣技术
储存、包装	保鲜技术、冷凝技术、压缩技术、除霜技术、蓄冷技术、制冷技术、环保技术等	自动化冷库、蓄冷箱、耐低温叉车、制冷系统、高密度动力储、自动温控包装技术	建筑技术、传感技术、储存技术、保养技术、外观设计、图像设计
销售	自动识别技术、定位跟踪技术、冷藏技术、回收技术	冷柜、冰柜、制冷机、条码、射频技术	网络传输技术、自动分拣技术

4. 优化工艺流程

工艺流程的优化主要是研究在一定的条件下，如何使用最合适的生产路线和生产设备，并在投资和运营成本的最节省的情况下，合成的最佳工艺。工艺流程也是实现产品生产的技术路线。通过对工艺优化研究，可以挖掘设备的潜力，尽可能找到生产的瓶颈，找到解决问题的办法，从而达到产量高、能耗低、效率高的生产目标。

食品工艺优化方法的发展滞后于其他工业过程，单因素考察以及正交实验设计仍然是主流优化手段，并大量见于文献报道。食品工艺优化问题绝大多数是多目标优化问题，将多目标优化问题转化为单目标优化问题是食品工艺中常采用的方法。如果对整个工艺流程寻优，可能涉及的影响因素及变量的数目太多，而不容易做出优化结论，如果把流程分解成多个过程表示的工序，先对每个单一的过程寻优，则可运用有关的理论进行优化分析。

对生产工艺流程的优化，除了技术上的参数优化调整、设备优化改造外，要想获得更大的突破、尤其是解决瓶颈问题时，往往需要的是一种创新思维、对现有流程的突破。

例如，白酒勾调的优化。

白酒勾调是白酒生产的关键技术之一，随着白酒生产技术的进步而逐步形成。特别是在 20 世纪 70～80 年代，降度酒与低度酒的出现并逐渐成为白酒的主流产品，极大地促进了白酒勾调技术的进步，对其调度、调香、调味和保持单品固有风格具有重要作用。

一名优秀的品酒师可以将具有不同特色（甚至于有缺陷）的基酒勾调在一起，形成一款优秀的产品。品酒师从勾调定型的小样到正式灌装前的放大过程很重要，少则几千升多则几十万升，控制不好就和小样不符，经常会有"面多了加水，水多了加面"的反复勾兑局面出现，不但效率低，还会造成基酒浪费，品酒师辛辛苦苦勾调定型酒样的效果会被打折扣。靠人来品评，容易受到主观和客观环境因素的影响，波动性较大，每批产品不可避免地存在差异，导致产品质量不稳定，生产效率低，并且无法使产品成本最优化。

白酒行业的勾调工艺技术其实质就是组合优化问题。自 20 世纪 90 年代以来，精密分析仪器和电子技术的运用，使得利用计算机求解白酒勾调过程中的组合优化问题成为可能，然而酒中还有许多复杂并且影响口感的微量成分到目前尚未能被精密分析仪器所解析，因而经典的线形规划、目标规划优化算法还不能满足口感量化的要求。

这实际是一个系统问题。过去酿造白酒一直强调传统工艺，不愿意离开传统，甚至觉得越传统越好，恨不得千年前怎么酿酒的，现在就怎么酿酒。现在提倡智能酿酒，包括洋河、劲酒、国台等的酿造工艺的机械化程度都比较高，加上在线传感、在线监测，及时调整温度湿度等，未来实现智能化的路不远。现在勾调环节都能够实现计算机勾调，但高端白酒的勾调，还需要经验丰富的大师来勾兑，因为舌头的灵敏度是仪器还达不到的。

第五章
质构组合设计

　　质构组合设计是围绕消费者的感受，以不同的质构作为道具，按照一定的规则进行组合，"把熟悉的东西变成不熟悉的东西"，在感官感受上求得创新。

　　这种组合往往带来陌生的新鲜感，独特而令人惊叹，触动内心，这种感觉发生在消费者心灵的深层，在心里对产品重新定义。

- 设计原理：质构的影响与构建，质构组合的目的，质构组合的方式
- 设计举例：果粒悬浮饮料设计，气（喷）雾食品设计

食品的质构组合设计是以实现产品的创新为目的，围绕消费者的感受，调整产品组成结构的要素，以不同的质构作为道具，优化组合，使其具有一个更加高效、合理的结构，创造出特殊的体验。

这种组合往往带来陌生的新鲜感，独特的令人惊叹，触动内心，这种感觉发生在消费者心灵的深层，在心里对产品重新定义。

质构组合设计的内容分为原理和举例两部分，如图 5-1 所示，举例为果粒悬浮饮料、气（喷）雾产品，它们是固-液组合、固-气组合、气-液组合的代表。

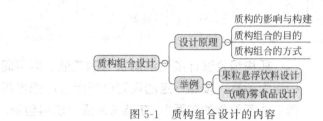

图 5-1　质构组合设计的内容

第一节　设计原理

一、质构的影响与构建

1. 质构的定义

质构（texture）一词原指"编""织"的意思，后来人们用来表示物质的组织、结构和触感等。

食品的质构特性是消费者判断许多食品质量和新鲜度的主要标准之一。当一种食品进入人们口中的时候，通过硬、软、脆、湿度、干燥等感官感觉能够判断出食品的一些质量，如新鲜度、陈腐程度、细腻度以及成熟度等。

2. 质构的影响

质构是影响产品口感的非常重要特性，可以说是与产品的口感紧密联系的一个属性。产品的质构影响产品 5 个方面的特性：

第一，质构影响食品食用时的口感质量；

第二，质构影响产品的加工过程，如我们开发脂肪替代的低脂产品时，构建合适的黏度来获得合理的口感，但如果产品过黏，会影响加工过程中的流动性与浇注过程等；

第三，质构影响产品的风味特性。一些亲水胶体、碳水化合物以及淀粉通过与风味成分的结合而影响风味成分的释放。现在许多研究都集中于怎样利用这种结合来使低脂食品的风味释放与高脂食品相匹配，最终达到相似的口感；

第四，质构与产品的稳定性有关。一个食品体系中，若发生相分离，则其质构一定很差，食用时的口感质量也很差。

第五，质构也影响产品的颜色和外观，虽然是间接的影响，但也确实影响产品的颜色、平滑度和光泽度等性质。

3. 质构的构建

在产品的设计过程中，当考虑产品的结构和稳定性等特性时，我们实际是在考虑构建产品的结构体系，这个结构体系也是产品风味释放和外观表象的基础。

产品设计从一开始就应构建新产品质构的蓝图，即设计产品需要的质构。这需要考虑设计产品的质构类型，是光滑的还是粗糙的，弹性的还是脆性的，软还是硬的。在产品成分中，脂肪、蛋白质、多糖类亲水胶体等是产品质构形成的基础。

产品设计者面临的一个问题，是怎样客观和准确地考量产品的质构和口感。质构特性是与一系列物理特性相关的非常复杂的特性，描述产品的质构用单一的值很难确定，口感也是非常难定义的，包含食品的第一口咬、再咀嚼直到吞咽的全过程，它实际上是食品在口中全面的物理和化学的交互作用的综合反映。表 5-1 列出了食品质构的感官评判方法。

表 5-1　食品质构特性的感官评判方法

质构特性	评价方法
硬度	将样品放于臼齿之间平坦地去咬，评估压缩样品需要的力
内聚性	将样品放于臼齿之间，压缩和评估破裂前变形需要的力
黏性	将样品放于勺中直接置于口腔前端，通过舌头与样品保持一定频率的接触来感受液体食品的黏度
弹性	若是固体样品放在臼齿间，若是半固体的流态食品放于舌和上颚之间，压缩样品，移去压力，评估恢复度和时间
黏着性	将样品放于舌上，对着上颚压缩样品，评估舌头离开样品所用的力
脆性	将样品放于臼齿之间，咬样品直至样品破裂、崩溃，评估牙齿所用的力
咀嚼性	将样品放于口腔中，以相同的力每秒钟咀嚼一次，而且要穿透样品，评估直到样品大小可以吞咽时的咀嚼次数
胶黏性	将样品放于口中，用舌头对着上颚来操作食品，评估食品解聚前需要操作的次数

二、质构组合的目的

在很大程度上可以说，创新即重组。鸡尾酒就是多种酒勾兑成的，形成的关键在于组合技术。

质构组合的目的，在于从质构特征出发，按照一定的规则进行组合，"把熟悉的东西变成不熟悉的东西"，在感官感受上求得创新。

这种组合带来的变化，有些属于量的变化，有的属于质的变化；有的属于结构性变化，有的属于功能性变化；有的是在原先的组合形式上增加新的要素，有的是先在产品的不同层次上分解原来的组合，然后再以新的意图组合起来。总之都必须改变事物各组成部分间的相互关系，追求特殊的感官感受。组合作为一种创造手段，可以更有效地发挥现有各种元素的潜力。

这类产品以不同的质构作为道具，围绕消费者的感受，创造出特殊体验。它追求不同的质构组合所带来的第一口咬、第一次咀嚼和咀嚼过程中所获得的感官感受。组合的质构不同，差异越大，感受越深；配置得当，才能发挥整合效应。一口咬下去，在咀嚼过程中，有穿越不同的质构的别样感受，伴随不同的口感在味蕾上缓缓绽放，一种特别的滋味涌上心头，那是一种美妙的体验。

不同质构的差异组合，是支撑这类产品的内容；如果失去了这个立足点，就失去了特色。

三、质构组合的方式

质构组合的方式可分为两类：三态组合和关系组合，两者是一个问题的两个方面，是相互交织、同为一体的。如图 5-2。

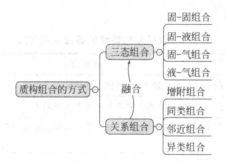

图 5-2　质构组合的方式

1. 三态组合

固态、液态、气态是指三种不同的物体形态，是人们常说的"物质三态"。我们熟悉的是三态之间的转化，例如：熔化，固态→液态；气化，液态→气态，等等。这样的转化前后都是单一的物体形态。

对于食品来说，固态的是硬脆的，或者有固定形状的，液态的是流动的，气态的是容易逸散的，这其中的质构差异很大。三态组合就是将两种或两种以上的物体形态组合在一起，共同存在，让这种差异感在食品中体现出来。

三态组合的方式主要有：

① 固-固组合：如夹心硬糖，硬糖做皮，心子为粉体、酱体等，虽然皮和心都是固体，但质构差异比较大。

② 固-液组合：如酒心糖，外面是糖，里面是酒；悬浮果粒饮料，是固态果粒和液态饮料的组合；

③ 固-气组合：如膨松类食品、充气类食品、拉成丝状类的食品、喷出为泡沫状的喷雾食品；

④ 液-气组合：如充气类饮料、发酵充气类饮料、喷出为液流的喷雾食品。

色泽的不同组合≠质构组合。市场中的花式硬糖，也有皮与心看似夹心的，但两者的质构是一样的；还有双色双味的泡泡糖，也有做成夹心的，但只是把同一质构的泡泡糖用色素和香精调成两种不同的色泽和香味，在口中咀嚼时就混为一团，分不出彼此了。这类产品只是形式上的夹心，没有实质内容的支撑，不能形成特色。

2. 关系组合

这是从不同质构材料的关系来看问题，根据关系的远近，组合方式分为：

① 增附组合：在原有的主体上补充新的内容。

② 同类组合：将新的同类原料组合在一起。

③ 邻近组合：关系比较紧密的两个或几个邻近的元素之间进行组合。

④ 异类组合：两种以上不同领域对象的组合。

三态组和关系组合是相连的。例如，酒心巧克力，最外层是巧克力壳，中间是糖做的硬壳，最里面有液体酒。巧克力和糖是固体，和酒就是固-液组合，巧克力和糖是相邻组合，和酒是异类组合。

第二节　果粒悬浮饮料设计

果粒悬浮饮料是近年来发展起来的一个独特的饮料品种，它是一种在澄清的果汁中，悬浮分散着果粒或果肉的天然饮料，在五彩缤纷的饮品市场上，独具一格。果粒看得见，也能喝得着，在饮料中若隐若现，符合中国人"眼见为实"的认知习惯，也是食品美学的良好体现。这种悬浮着晶莹果粒的含果粒水果饮料，宛如水晶上镶嵌明珠，以其独特的风姿和诱人的风味，赢得消费者的喜爱。

一、产品分类与特色

1. 从主体——饮料的角度看

主要分为两大类：果粒＋饮料、果粒＋乳饮料。而液态奶作为纯牛奶，通常不会考虑添加果粒。

（1）果粒＋饮料

以"粒粒橙"为代表，以"橙汁＋橙粒"的形式，配以透明包装，直观、真实、抢眼，与纯橙汁饮料形成产品差异，消费者在饮用时觉得不仅在喝饮料，还直接吃到了果粒，让饮用者体验到原汁原味的感觉。果粒果汁饮料既含有果肉又含有果汁，同时具备果肉饮料和果汁饮料优点，营养丰富，酸甜适口，受到消费者喜爱。

（2）果粒＋乳饮料

这是在乳饮料中加入水果颗粒，固、液共存，从口感和营养上进行创新，在满足消费者对味觉需求的同时，更加融合牛奶中的多重营养。

具有代表性的是伊利"谷粒多谷物奶"。该产品添加燕麦和糙米颗粒，产品中含有完整谷物颗粒，其中的谷物颗粒具有真实适口的咀嚼口感，谷物与牛奶风味口感协调，具有牛奶和谷物双重的营养价值。

2. 从果粒的角度来看

目前有菠萝、椰果、明列子、梨、苹果、芦荟、葡萄、桃子等系列悬浮果粒饮料，还有人造果粒饮料。

二、果粒制备

我们把果粒分为三类：砂囊（囊胞）、果肉型果粒、人工果粒。其制备方法如下。

1. 砂囊（囊胞）的制备

① 原料验收：原料为柑橘类。为了保证成品品质优良，要求色泽、形态、大小均匀一致，便于操作，提高原料的利用率；通过人工挑选，除去生、病害及腐烂、严重机械伤损、软果、过熟的柑橘。选择直径不低于 45mm 的果实。

② 清洗：用清水冲洗果实，去除表面的泥沙和杂质，减少农药的污染。

③ 热烫、去皮、去络、分瓣：热烫的目的是软化果皮组织，使一部分原果胶水解为果胶，容易去皮。热烫的方法有蒸汽热烫和热水浸烫两种方式，一般采用热水浸烫。热水温度 95～100℃，浸烫 30～90s，以容易去皮为准。若热烫过度，会影响制品质量。趁热采用手工剥皮、去络、分瓣（保留少量络，可以在下一步工序除去）。

④ 去囊衣、心衣，采用酸碱法：先将桔瓣浸入 0.5%～1%盐酸溶液中，温度控制在 35℃左右（或常温），浸泡时间约 30min，取出清水漂干净，再浸泡入0.2%～0.5%左右的氢氧化钠溶液中，温度控制在 35℃左右，时间约 30min。然后取出，用流动水除尽残碱及残衣，最后用镊子将心衣、桔籽等除去。

⑤ 分离果粒：将果肉与水（按 1∶15 的比例）放入有搅拌机的桶中（搅拌机的螺旋桨应在下部）用慢速旋转，将果肉瓣膜搓去，将浮在上面的破损果粒、瓣膜及其他异物捞出。用喷射水流冲喷桔瓣，加速瓣膜与砂囊分离。利用密度的差别把破损的果粒、果肉瓣膜等除去，并在流水槽中目视挑出异物。

⑥ 硬化：硬化处理为了防止以后杀菌、充填等工艺流程中加热而使果粒软化、易受破损，其原理是利用果粒中果胶质与钙离子的反应使果粒硬化。将果粒浸入0.1%～0.5%的氯化钙或乳化钙溶液中，温度控制在 30～40℃左右，浸泡时间约30min，时间不宜过长，否则要产生钙的苦味。

⑦ 杀菌贮藏：首先用白砂糖配制 12%的糖浆，煮沸过滤。用柠檬酸调整 pH值至 3～3.5，加入果粒。按果粒∶糖浆＝80∶20 混合，添加 0.2%的苯甲酸钠，在 85～90℃下灭菌 20～30min，趁热灌入用 75%酒精杀菌过的食品塑料桶中，加

盖密封。贮存于冷库或阴凉处。

2. 果肉型果粒的制备

果肉型果粒，根据水果的类型，有很多种，例如菠萝、椰果、明列子、梨、苹果、芦荟、葡萄、桃子等。

根据水果的特性，为防杀菌工艺中因热处理使果粒软化、破损，通常需要进行硬化、护色处理。例如：

（1）苹果果肉颗粒制备

① 选择、清洗、除皮去芯：制苹果果肉颗粒的原料，必须选用硬度较大的成熟度在 8～8.5 的完整好果，用水洗净后削去果皮，切成瓣，挖掉果芯，立即投入 1% 的柠檬酸液中，进行护色（削下的果皮、果芯可送去榨汁，以提高原料的利用率）。

② 制粒、硬化：用不锈钢切粒机将果块切成 $3mm \times 3mm \times 3mm$ 的颗粒，放入 0.5% 的 $CaCl_2$ 溶液中，在常温下浸泡 15～30min，进行硬化处理，然后捞出，用软化无菌水漂洗干净，装入容器备用。

（2）梨果粒的制备

梨果用流水洗净，去皮去籽巢，用 0.2% 的柠檬酸溶液热烫护色，在果蔬切菜机中切成 5mm 的块粒，浸在柠檬酸液中备用。

（3）火龙果果粒的制备

将火龙果果肉切成体积大小约为 $4mm^3$ 的小丁，用 2% 的氯化钙溶液在常温下钙化处理 0.5h 后，用清水漂洗几次后，冷藏备用。

（4）山药颗粒的制备

① 破碎：将去皮后的山药经清水冲洗后用蔬菜擦碎板进行破碎处理，制备山药颗粒，颗粒的质量为 0.01～0.05g。

② 护色：将山药颗粒迅速投入已配制好的 0.04% 的维生素 C 水溶液中进行护色，防止氧化褐变，护色浸泡时间为 10min，然后将溶液煮沸 2min，进行灭酶处理。

3. 人工果粒的制备

（1）主要材料与造粒原理

海藻酸钠是一种多糖类衍生物，为白色或淡蓝色的粉末，无臭、无味，可溶于水形成黏稠状液体，在 pH 值为 6～7 时，它的水溶液可与 Ca^{2+} 形成柔软的海藻酸钙凝胶。其长链的分子处于离子态，当二价金属离子（例如 Ca^{2+}）加入时，二价金属离子的两个键与海藻酸钠不同链中的 COO—基团结合，从而把各个长链海藻酸钠分子连接起来，形成网状结构。这种网状结构中有一定的空间空隙，可以保持大量的水分，从而形成具有一定弹性和韧性的凝胶体。

用 $CaCl_2$ 溶液作为凝固液，用钙离子作为凝胶剂，造型利用表面力学原理来实现。当胶滴滴入钙液中时，自然形成球状。此时，海藻酸钠与钙离子反应形成凝胶，柔软状，需在凝固液中停留一定时间，固化成柔软适度的球形凝胶。颗粒大小不影响其密度，但从外观上看，不宜过大或过小，以豌豆大小为度。

（2）制粒的配方

提供三个参考配方：

① 选用黏度为 400～500mPa·s 的食用褐藻酸钠，胶液浓度为 1.0%～3.5%；用于颗粒凝固的 $CaCl_2$ 溶液浓度为 3%～5%。

② 在造粒胶液中海藻酸钠用量为 1.5%，琼脂用量为 0.05%；用于颗粒凝固的 $CaCl_2$ 溶液浓度为 4%。

③ 海藻浓度为 1%，琼脂的浓度为 0.05%；钙盐浓度为 2%，固化时间为 1min。

（3）制粒的工艺

① 调胶：按配方将胶体配齐，用搅拌机搅成无胶块均匀的胶液；静置 0.5～2h，使气泡浮出胶体。由于胶液黏度直接影响颗粒的质量，胶液太黏，造粒速度慢，且造出的颗粒有拖尾，胶液太稀，则会产生丝状的异形粒。

② 造粒：胶液装入贮槽，开泵，向钙盐溶液内滴入胶液，形成的胶粒通过筛网分离出来。

③ 固化：收集到的颗粒放入固化液中固化，至固化液渗入颗粒芯部。凝固液浓度太大，使颗粒的异味不易漂洗，浓度太小固化速度慢，颗粒就可能被"溶化"。因此凝固液应控制在 3%～5%（$CaCl_2$ 溶液），固化液用较低浓度。

④ 漂洗：固化后颗粒用流水漂洗，除去表面的钙离子、异味，即为人造颗粒。

三、悬浮要点

悬浮要点主要有以下三点。

1. 斯托克斯沉速公式

斯托克斯沉速公式是 1850 年美国物理学家斯托克斯（G. G. Stokes）从理论上推算球体在层流状态沉速的公式，又称"球状实体在液体中下沉时所受阻力的方程"，公式如下：

$$v = 2r^2(P_2 - P_1)/9\mu$$

式中，v 为沉降速度；r 为颗粒半径；P_2 为颗粒密度；P_1 为液体密度；μ 为液体黏度。

从斯托克斯公式可以看出：液体中颗粒的沉降速度与颗粒半径成正比，与颗粒和液体的密度差成正比，与液体密度成反比。

但是，还有许多研究者认为依据该公式来解释果粒饮料的货架悬浮问题，还有很多不尽如人意之处，认为：果粒长期稳定悬浮的条件是凝胶，而不是液体的黏度。

2. 胶凝才能悬浮

悬浮果汁饮料是一个复杂的体系，"胶凝才能悬浮"理论是颗粒悬浮饮料技术和配方设计的基础。

对固体而言，胶凝现象一般可以简单描述为：亲水胶体的长链分子相互交联，从而形成能将液体缠绕固定在内的三维连续式网络，并由此获得坚固严密的结构，以抵制外界压力，从而最终能阻止体系的流动。也就是说，胶体通过分子链的交互作用形成三维网络，从而使水从流体转变成能脱模的"固体"。对于果粒悬浮饮料而言，就是选择的这种倾向，将此原理应用于饮料之中。关键是胶凝能力所形成的凝胶三维网络结构是否有足够的承托力，把果粒"固定"在相应的网络内。

3. 胶体选择

从理论上讲，一切能产生凝胶的单体或复合胶都可用作悬浮剂，可以从 GB 2760 中的增稠剂，以及其他动物胶、植物胶、微生物胶中筛选。

没有胶凝，就没有悬浮，只会产生黏度不会形成凝胶的胶体不可能单独成为悬浮剂。所有的食品胶都有黏度特性，并具有增稠的功能，但只有其中一部分的食品胶具有胶凝的特性。许多食品胶单独存在时不能形成凝胶，但它们混合在一起复配使用时，却能形成凝胶，即食品胶之间能呈现出增稠和凝胶的协同效应，如卡拉胶和槐豆胶、黄原胶和槐豆胶、黄蓍胶和海藻酸钠等。这些增效效应的共同特点是：经过一定的时间后，混合胶液能形成高强度的凝胶，或使得体系的黏度大于体系中各组分单独存在时的黏度的总和，即产生 $1+1>2$ 的效应。

一般来说，含有较多亲水基团的多糖容易形成凝胶，支链较多的多糖对酸、碱、盐的敏感性较小，不易形成凝胶，但有可能与其他胶复配形成凝胶。阴离子多糖在有电解质存在时易形成凝胶，通常通过加入电解质和螯合剂来调节凝胶形成速度和强度。表 5-2 列出了一些食品胶的胶凝特性。

表 5-2　食品胶的胶凝特性

食品胶	溶解性	受电解质影响	受热影响	胶凝机制	胶凝特别条件	凝胶性质（对固体而言）	透明度
明胶	热溶	不影响	室温融化	热凝胶		柔软有弹性	透明
琼脂	热溶	不影响	能经受高压锅杀菌	热凝胶		坚固、脆	透明
κ-卡拉胶	热溶	不影响	室温不融化	热凝胶	热凝胶	脆	透明
κ-卡拉胶与槐豆胶	热溶	不影响		热凝胶	热凝胶	弹性	透明
ι-卡拉胶	热溶	不影响		热凝胶	钙离子	柔软有弹性	透明
海藻酸钠	冷溶	影响	非可逆性凝胶,不融化	化学凝胶	与 Ca^{2+} 反应成胶	脆	透明
高酯果胶	热溶	不影响		热凝胶	需要糖、酸	伸展的	透明
低酯果胶	冷溶	影响		化学凝胶	与 Ca^{2+} 反应成胶		透明
阿拉伯胶	冷溶	不影响		热凝胶		软,耐咀嚼	透明
黄原胶与槐豆胶	热溶	不影响		热凝胶	复合成胶	弹性,似橡胶	浑浊

胶体的酸热降解是影响悬浮型果粒饮料稳定性的关键因子，酸热条件能加剧胶体的分解失效，最明显的有琼脂、卡拉胶、甘露聚糖类，果胶与结冷胶的耐酸热性稍强。胶体的分解，会严重影响悬浮效果。在生产实践中，如果配料过程中胶体加热时间过长，加酸时间过早，或由于贮料桶容量过大，造成热料贮存时间过长，都会造成悬浮困难，或出现同一批量产品中初灌装产品与末灌装产品质量不一致的情况。为了解决这个问题，在生产中可采取热溶胶、冷配料、超高温瞬时灭菌、限量贮料、限时灌装的工艺。用此工艺生产悬浮型果粒饮料，可明显降低悬浮剂的使用量，并使同一批次产品质量保持一致。

目前果汁产品的 pH 值大多为 3.6～3.8 之间，糖度在 10°～12°Brit 之间，总酸为 2～3g/L（以一水柠檬酸计）之间。因此在选择稳定剂时，应充分考虑果汁 pH 体系范围，并结合果汁和悬浮果粒和果肉的添加量、果肉粒度大小来选择合适的胶体，尽量做到既能体系稳定而又口感清爽。

在生产实际中，真正能作为悬浮剂在生产中应用的胶体，还必须具备以下几个条件：第一，符合食品添加剂的安全性要求；第二，具有很好的风味释放性能，口感优良；第三，具有优越的耐酸热分解能力；第四，抗析水性能强；第五，具有较高的凝胶温度点，便于工艺操作；第六，用量省，具有较好的经济性能。

果汁饮料中最常用的悬浮稳定剂有：羧甲基纤维素钠（CMC）、藻酸丙二醇酯（PGA）、黄原胶、果胶、瓜尔豆胶、琼脂，以及近年来崭露头角的结冷胶。由于价格因素，在实际生产中，悬浮体系中应用广泛的应该是 CMC、黄原胶、瓜尔豆胶及琼脂，而 PGA、果胶以及结冷胶虽然悬浮效果明显，但价格较高，因此较少单独使用，一般都与其他胶体复配使用。

采用单一的食用胶作为悬浮剂，不仅用量大、成本高，而且很难达到理想、持久的悬浮效果。一般采用复配胶比用单一胶的效果好，能够充分发挥不同胶体的协同增效作用。

四、配方设计

配方设计的框架如图 5-3 所示，其中的用量是普通情况下的大致用量。

1. 主体设计

饮料的主体是水、果汁、果粒。果汁 10%～30% 是针对果汁饮料的用量，非果汁饮料用水代替。

2. 悬浮设计

果粒的悬浮性是重要的感官指标。一般单一稳定剂都难达到理想效果，为了使悬浮果粒酸性乳饮料达到果粒悬浮均一，乳液状态均一，必须进行稳定剂的复配试验。

例如，司卫丽等研究魔芋胶、刺槐豆胶、黄原胶及不同磷酸盐对悬浮果粒酸乳饮料稳定性的影响，结果表明：当魔芋胶、刺槐豆胶与黄原胶以质量比 4：1：2 比

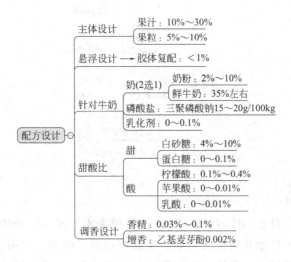

图 5-3 配方设计的内容

例复配，用量为 0.06%，六偏磷酸钠用量为 0.08% 时，悬浮果粒酸乳饮料的悬浮性及稳定性最好，且黏度适中，无明显凝胶现象。

3. 针对牛奶

这是指酸奶产品而言，需要添加奶，如果加入牛奶，宜用脱脂乳粉。其中的乳成分少，可不用乳化剂。

乳中的钙，在正常条件下，以结合状态存在，但随着各种条件的变化，破坏了其平衡状态，其钙离子呈游离状态，成了不稳定的重要因素。尤其在酸性条件下，酪蛋白质会发生凝聚而沉淀，导致饮料的稳定性降低，如果添加品质改良剂螯合乳中的 Ca^{2+}，会明显提高饮料的稳定性。添加磷酸盐、柠檬酸盐和三聚磷酸钠、六偏磷酸钠等，皆可得到乳蛋白稳定的乳饮料，但除去过多又会影响乳饮料的矿物质营养。一般添加量为 0.05%～0.30%。也有报道，在每 100kg 乳饮料中添加三聚磷酸钠 15～20g，效果较好。

4. 甜酸比

这是进行调味，添加适量的糖和酸，要求甜酸比例适合。

5. 调香设计

添加适量的香精和增香剂乙基麦芽酚等，进行调香。

配方举例：仙人掌粒 5%，糖 8.5%，奶粉 4%，柠檬酸 0.32%，稳定剂 0.8%，乙基麦芽酚 0.005%，仙人掌香精 0.05%，酸奶香精 0.02%，奶油香精 0.01%。

五、工艺设计

工艺设计主要包括四个环节，如图 5-4 所示。

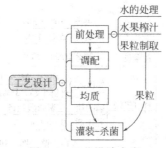

图 5-4 工艺设计内容

1. 前处理

（1）水的处理

饮料用水必须符合 GB 17323《瓶装饮用纯净水》或 GB 19298《包装饮用水》的标准要求，生产厂家必须根据当地水质选用碳滤、砂滤、混凝、砂滤棒过滤器、石灰软化法、电渗析法、反渗透法、离子交换树脂法来综合处理水，才能生产出质量好的产品。

（2）水果榨汁

榨汁技术是将破碎的水果果肉、皮和汁的混合物，通过适当的压力，将液体汁和气体物质从一个有限的空间（挤压室）中挤压出去的过程。榨汁效率评估在于固体的保留率和液体的挤出率。影响出汁率的因素包括挤压力（在一定压力范围，出汁率同挤压力成正比），果浆泥的破碎程度，挤压层的厚度及榨汁的助剂。

在生产一些果汁型乳饮料时，由于果汁与酸乳混合，果汁中所含的果胶、单宁等带负电荷的高分子物质会与酸性环境中带正电荷的蛋白粒子相碰而产生凝聚。因此，果汁加入之前，要将残留的果胶或纤维素分解成低分子物质，并且除去单宁。可以利用明胶、酶对果汁进行澄清。

明胶是一种高分子多肽聚合物，为两性电解质，在偏酸溶液中为正离子，常带有正电荷。在果汁中加入明胶，可以加快沉淀速度；果胶酶可分解果汁中的果胶质，在 pH 值为 3～3.5，温度为 40～50℃，添加量为 0.02%～0.05% 时，经 3h 左右的处理，可使果汁有效澄清。明胶和果胶酶协同作用，效果更佳。

也可以将榨汁与澄清合并，制作方法为：水果经挑选、削皮、破碎，调整 pH 值为 3.0～4.0，温度为 40～45℃，加入果胶酶，搅拌，保温 2～4h，压榨、过滤、杀菌，备用。

（3）果粒制取

见前述内容。

2. 调配

将胶体加白砂糖混合均匀，然后一起加入适量的水中，搅拌状态下于 80℃ 左右溶解成均匀的液体，然后与牛奶或发酵酸奶充分混匀；如果生产配制型酸性含乳饮料，将酸度调节剂、甜味剂在配料水中溶解后，与上述牛奶混合料液充分混合，原料酸味剂浓度过高或加入时速度过快或配料罐搅拌器转速不够高，都会造成物料局部酸度过高，使蛋白质凝固，从而造成产品分层沉淀，酸味剂可在喷雾状态下加入。如果添加营养素、果汁或其他辅料，将这些辅料充分溶解后加入到上述混合料液中，充分混合。

3. 均质

将配制好的混合料液采用高压式均质机进行均质处理，使粒子微细化并均匀地分散，饮料才具备圆润细腻的特点。

4. 灌装-杀菌

有两种方法：

① 针对果粒橙，可将砂囊和果汁混匀后直接灌装。该方法需要不断搅拌，而高温溶液中搅拌必然带来砂囊损伤，且用这种方法达到 20％的砂囊添加率是困难的。在生产上通常将混匀砂囊的果汁迅速置于 98℃的高温，保持 20s 左右，然后在无菌状态下立刻冷却到 10℃并迅速罐装，成品于 0～4℃保存。如此可降低蛋白质被破坏和维生素损失，保持果汁的质量、天然香味及营养成分。

② 先加果粒再加均质后的混合料，封罐后杀菌。瓶及瓶盖清洗杀菌后预热至 60～70℃，料液温度不低于 90℃，趁热灌装，立即压盖；然后将瓶倒置 20～30min，再将瓶用温、冷水分两段冷却至室温。先灌装后杀菌的要求：升温至 85℃，维持 25min 后冷却；杀菌时测试温度应以瓶中心温度为准，并严格控制高温时间，以免因时间短杀菌不完全，或时间太长破坏悬浮剂的稳定性，造成产品分层、果粒沉降。

果粒悬浮饮料的生产是一个综合技术工程。原料前处理、配料、均质、杀菌环节在生产过程中起着不同的作用，都从不同角度直接影响其质量。如果生产工艺流程不合理，那么即使其他单个环节效果很好也很难生产出优质产品。需要狠抓现场技术管理，才能避免产品沉淀，生产出高质量的产品。

第三节　气（喷）雾食品设计

一、产品分类

分为气雾食品和喷雾食品两类。

气雾食品是指将乳液或其他类型的食品与适宜的抛射剂共同装封于具有特制耐压容器中，使用时借助抛射剂的压力将内容物呈雾状物喷出。

喷雾食品是指将食品填充于特制的装置中，使用时借助手动泵的压力，将内容物呈雾状物喷出。

二、设计思路

主要抓住三点：

1. 三线一点

气（喷）雾食品的设计需要做好三条线（配方设计、容器设计、工艺设计）上的工作，从而形成了值得关注的看点，这是其他类别的食品所没有的、与众不同的特色、特点，可以转化为卖点。喷雾食品的设计如图5-5所示。

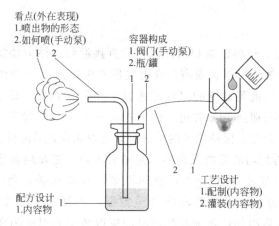

图 5-5　喷雾食品的设计

2. 加减法

气雾型是在喷雾型的基础上做加法：①配方设计，增加抛射剂；②容器构成，容器增设为耐压型＋阀门系统；③工艺设计，增加灌装抛射剂（通常为第二次灌装）。

简单地说，喷雾型→做加法→气雾型，气雾型→做减法→喷雾型，这样思考就可以做到触类旁通了。气雾食品的设计如图5-6所示。

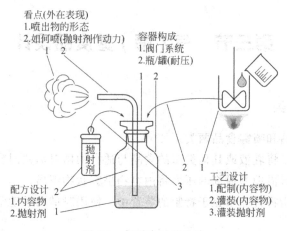

图 5-6　气雾食品的设计

3. 转换过程

气（喷）雾食品的设计原理在于从配料到喷出物之间的转换过程，最终喷出泡沫状或雾状（液流），从而形成不同的看点。我们画出这个过程可以更好地理解其中的关系。以气雾型产品的乳液为例，如图 5-7 所示，（a）图为水包油型，（b）图为油包水型，图中＋D 表示可以加入的有效成分（功能性原料）。

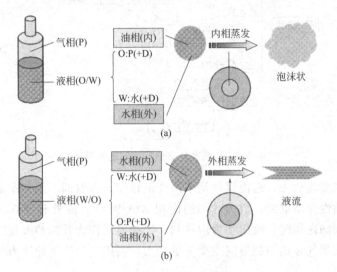

图 5-7　乳化液类产品的原理

乳液型气雾剂由抛抛射剂与乳化剂等形成的乳剂型非均相分散体系，内容物包括抛射剂气相、乳浊液的内相和外相。分为水包油型（O/W 型）的乳剂型气雾剂（抛射剂为内相）、油包水型（W/O 型）的乳剂型气雾剂（抛射剂为外相）。如果有有效成分，可溶解在水相或油相中。

O/W 型乳剂的外相为水溶液，内相为抛射剂，乳剂经阀门喷出后，分散相中的抛射剂立即膨胀汽化，使乳剂呈泡沫状态喷出，故称泡沫气雾剂。

W/O 型在喷射时随着外相抛射剂的汽化而形成液流。

三、配方设计

以乳液类气雾剂产品为例，配方设计主要包括五个方面，见图 5-8。

气雾剂的配方组成，包括抛射剂和内容物两大部分。由于气雾剂是通过气雾罐和抛射剂使内容物成雾状喷出的，因此在气雾剂配方的设计中，一些基本的要求是：抛射剂和内容物的相溶性良好，对金属的气雾罐无腐蚀，不堵塞喷嘴，喷出后能迅速散开，喷雾粒子的大小适宜。其中，相溶性是问题的关键，影响较大。

1. 抛射剂（P）

气雾剂抛射剂的主要作用是在气雾剂容器内形成一股压力，使气雾剂内容物能通过阀门喷射出去，并转变成所需的物理状态。因此抛射剂是气雾剂制品的动力。

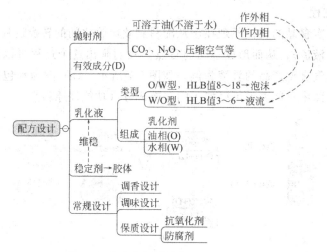

图 5-8　乳液类气雾剂产品的配方设计

抛射剂主要起动力、起泡以及调节浓度的作用。抛射剂不能与水混溶，但可以与配方中的油性介质混溶，成为乳剂的内相（O/W 型）或外相（W/O 型）。当抛射剂作为乳剂的内相时，喷出物为泡沫状；当抛射剂作为乳剂的外相时，喷出物为雾状。在溶液型气雾剂中抛射剂主要提供动力，利用自身产生的压力使溶液以小液滴的形式喷出。

凡蒸气压大于大气压的液体或压缩气体，均可作为抛射剂。常使用混合抛射剂以便得到符合需要的压力、喷雾和雾的特性。一个优良的抛射剂系统，应具有与气雾剂其他组分相适应的适宜蒸气压特性。抛射剂应无毒、无刺激性、不易燃、不与有效成分和容器发生化学反应，不影响有效成分的稳定性。

在气雾剂中，抛射剂必须具备以下特点：低沸点，常温下蒸气压应大于大气压；无毒、无过敏性和刺激性；不易燃，无爆炸性；对环境无污染；无色，无味等。目前使用的抛射剂主要有压缩气体和烃类，压缩气体有 CO_2、N_2O、空气等，烃类中使用的有 134a 等。

抛射剂的用量：乳剂型气雾剂，用量 8%～10%；溶液型气雾剂，用量 20%～70%。用量越大，蒸气压越高，喷射能力越强，液滴越细。喷射能力取决于抛射剂用量及自身蒸气压。

在气雾罐允许的范围（0～1.2MPa），剂量越大，抛射速率快，气雾罐中的残留物就越少，同时可以保证抛射物具有较好的起泡性以及泡沫稳定性。

2. 有效成分（D）

选择添加有效成分，通常是设计成为保健食品。保健气（喷）雾剂制备工艺的关键为有效成分的提取与配制，配方中食药两用类药材须经过适当的提取和精致。通常提取挥发油、生物碱、苷类、黄酮类等有效成分，也可以是经过精制的总提取物。进一步根据药物性质制成溶液、乳浊液等不同类型。

有效成分可根据其性质不同溶于水性或油性介质中。除有效成分的选择是关键外，其他原料的配合也很重要。通过精心选择，可以有效地降低有效成分在气雾剂配方中的含量，而又不影响保健效果。因此，许多气雾剂的配方组成中，真正的有效成分含量很低，一般不超过10%。有效成分的组成也可能不止一种，而是多种物质的混合。

3. 乳化液

乳化液由乳化剂、油相、水相组成。

（1）乳化剂

乳化剂是一类可以降低液面界面张力的食品添加剂，乳化剂可将不相溶的油相与水相混融在一起，形成均匀的乳化液。其主要作用包括：乳化、润湿分散、增溶分散、悬浮分散、控制结晶等作用。

亲水亲油平衡值（Hydrophile Lipophilic Balance，HLB）是乳化剂性能的主要指标。HLB值的大小与碳氢链的长短有关，碳氢链越长，乳化剂与油相的疏水结合作用越强，HLB就越小。一般水包油型乳化剂的HLB值为8～18之间，而油包水型乳化剂的HLB值为3～6之间。

目前使用的食品乳化剂主要包括单硬脂酸甘油酯、硬脂酸乳酸钠、司盘系列、吐温系列等。复配乳化剂中的不同类型乳化剂可起到的协同作用。

乳剂型气雾剂中的乳化剂的选用是比较关键的。乳化剂的选择与用量可通过乳化液配比试验确定，应达到以下性能：振摇时即可充分乳化并形成很细的乳滴；喷射时能与有效成分同时喷出，喷出泡沫的外观呈白色、均匀、细腻、柔软，并具有需要的稳定性。

乳化剂可选用单一的或混合的表面活性剂。复合乳化剂的使用量并非越大，乳化效果越好。当乳化剂浓度偏高或偏低时，其乳化液的稳定性、黏聚性、稠度以及黏性指数指标均会下降，破乳发生的概率变大。

因此要根据稳定性以及物性因素来确定乳化剂使用浓度。乳化时，要严格控制时间。乳化时间短，会造成乳化不彻底，油相、水相不能完全混溶。乳化时间长，会导致乳化液失稳。

（2）油相（O）

食品中，乳化液中的油相通常采用动植物组织中存在的甘油酯。其共同的结构特征是分子中均具有碳氢链结构，而乳化剂中的亲油基团就是碳氢链部分。在乳化时，乳化剂与油相中的碳氢链结构互相以疏水方式结合起来，形成包合物，促进乳化液稳定性。

水包油乳剂型气雾剂，油相（如橄榄油）的量过多，易造成水包油型乳化液稳定性下降。同时，过多的油脂易掩盖产品的味道，使泡沫口感油腻。

（3）水相（W）

在食品中采用的乳化液水相可以是单纯的水，也可以是含碳水化合物的溶液，如蜂蜜。蜂蜜以单糖、低聚糖为主，易与乳化剂中的亲水基团羟基发生相互作用形成氢键，同时碳水化合物中的亲水胶体可以提高乳化液的黏度，促使乳化液更加稳定。

4. 稳定剂

稳定剂是添加在液体溶液中使其保持稳定的一类制剂。在乳剂型气雾剂中添加稳定剂，不仅可以维持乳化液稳定性，还能够维持泡沫稳定性。稳定剂可改善乳化液的硬度、稠度以及黏性指数，维持乳化液在加工、杀菌过程中的稳定性，同时在泡沫喷出后使泡沫保持一定形态，而不会发生快速的泡沫坍塌。

食品用稳定剂多为胶体，如果胶、卡拉胶、阿拉伯胶、羧甲基纤维素钠、黄原胶、琼脂、果胶、海藻酸钠、瓜尔胶等。

由于各种胶体性质不同，多采用复配的方式以增加稳定性。通过测定乳化液感官性质、稳定性以及物性指标，判断乳化液可塑性、流动性、稳定性，从而确定合适的复配方式以及使用浓度。

稳定剂在使用前，应考虑到稳定剂对于乳化液黏聚性、稠度、黏性指数等物性指标的影响。在使用时，稳定剂的量过少会使乳化液黏聚性不足，导致乳化液不稳定，同时影响起泡性以及泡沫的塑性。使用量过多会导致：①乳化液稠度过高，影响抛射剂作为内相溶入到乳化液中；②气雾剂阀门系统的堵塞。

5. 常规设计

（1）调香设计

适量添加香精，进行增香、调香。

（2）调味设计

果味型，适量添加柠檬酸、苹果酸模拟水果的酸味。

保健类液体中药制剂常用的矫味剂主要有薄荷脑和薄荷油，但薄荷脑极微溶于水，在水中的饱和浓度为 0.5‰，而在乙醇中溶解较好，在 90% 的乙醇溶液中饱和溶解度约为 2.5g/100g。加入薄荷脑除能作矫味剂外，还可以产生清凉感。

（3）保质设计

在果酱类气雾剂的储藏过程中，微量的氧就会使活性成分氧化而变质，因此，常加入一些抗氧化剂增加溶液剂的化学稳定性。长期贮藏过程中也会有少量的微生物产生，再考虑加入适当的防腐剂。

四、容器构成

容器的构成包括喷雾罐与阀门系统两部分。

1. 喷雾罐

喷雾罐（Aerosol Cans）是一次性使用的金属、玻璃或塑料容器，装有压缩、液化或加压溶解气体，同时装有或没有液体、糊状物或粉状物，带有释放装置，使内装物变成悬浮于气体中的固体或液体微粒而喷射出来，喷射物呈泡沫状、糊状或粉状，或为气体或液体。

罐体有三片铁罐、单片铝罐、塑料罐、玻璃搪塑料罐、不锈钢罐等。其中，应用最广泛的是前两者，铁罐用于溶剂型的居多，铝罐用于水乳型的居多，塑料罐多用于手动泵式气雾剂。由于铝质容器具有轻便、耐压、廉价、惰性，现在气雾剂的耐压容器一般选用铝质罐。内壁涂有环氧树脂或环氧树脂涂层的铝罐对气雾剂的适用范围就更广。涂料应作安全性和惰性性能测定。由于铝罐重量一致，特别适合自动生产线上的自动重量检测。但玻璃罐在某些情况下用于某些溶液型气雾剂。

喷雾罐要解决三大问题：耐压、密封、防腐蚀，也即耐压性、气密性、化学稳定性问题。同时还应注意其美学效果。

2. 阀门系统

阀门系统是气雾剂制品中最重要的组成部分之一，因为它的作用才使喷出来的内容物成水柱、或凝胶、或泡沫、或雾状来达到使用效果。内容物的喷出粒径大小、充填速率、雾型、喷出量重现性都取决于阀门的结构。喷帽的孔径有粗、中、细之分，粗孔适应于泡沫型气雾剂，中孔适用于内容物黏度较大者或要求喷雾量较大者，细孔雾化效果最好，特别适用于抛射剂为压缩气体者。手动泵式阀门多采用塑料制成，以旋钮的方式与罐体结合；铝质手动泵式采用卡扣式。对阀门系统来讲同样存在着密封性、化学稳定性和达到使用效果三个问题，因此对它的要求也比较高。

五、工艺设计

气雾剂由容器和内容物组成，其制造过程的基本工艺如图 5-9 所示（喷雾剂在此基础上减少抛射剂的灌装环节）。

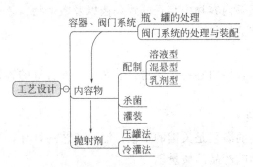

图 5-9　气雾型产品的工艺设计

1. 容器、阀门系统的处理与装配

这里所称的处理，主要是洁净处理。

（1）瓶、罐的处理

① 金属制容器成型及防腐处理后，需按常规洗净、干燥或气流吹净备用。

② 玻璃瓶，需要搪塑：先将玻璃瓶洗净、烘干，预热至 120～130℃，趁热浸

入塑料黏浆中，使瓶颈以下黏附一层塑料浆液，倒置，在 150～170℃烘干 15min，备用。

对塑料涂层的要求是紧密包裹玻璃瓶，万一爆瓶不致玻璃片飞溅，外表平整、美观。

（2）阀门系统的处理与装配

阀门在组装前，均需用热水冲洗干净，尤其是弹簧需用碱水煮沸后热水冲净。冲洗干净后的零件置于一定浓度乙醇中备用。或按以下方法处理：

① 橡胶制品可在 75％乙醇中浸泡 24h，以除去色泽并消毒，干燥备用。

② 塑料、尼龙零件洗净，再浸在 95％乙醇中备用。

③ 不锈钢弹簧在 1％～3％碱液中煮沸 10～30min，用水洗涤数次，然后蒸馏水洗 2～3 次，直至无油腻为止，浸泡在 95％乙醇中备用。

最后将上述已处理好的零件，按照阀门的结构装配。

2. 内容物的配制、 杀菌、 灌装

这是指内容物的配制、杀菌、灌装，然后安装阀门，扎紧封帽。

（1）配制

根据气雾剂的类型，按配方组成及要求进行配制：

① 溶液型气雾剂　制成澄清药液。

② 混悬型气雾剂　将功能性原料微粉化并保持干燥状态。

③ 乳剂型气雾剂　制成稳定的乳剂。以难溶性挥发油为主要有效成分制成微乳，可以增加其溶解度。一般认为，在乳化时，将乳化剂与油脂先行混合要比乳化剂先与水混合的效果好。

（2）杀菌

杀菌可以有效灭杀内容物中存在的致病菌以及微生物，杀菌后的气雾剂可长时间储存。参见前一节的饮料杀菌。

（3）灌装

将上述配制好的合格内容物，定量分装在已经准备好的容器内，安装阀门，扎紧封帽。

3. 抛射剂的灌装

内容物和抛射剂的灌装是关键的工艺，灌装工艺的好坏，采用灌装工艺方法的正确与否，都直接影响产品的质量。

主要有两种方法：压灌法、冷灌法。每一种灌装工艺都应该结合具体的配方进行考虑和筛选。

（1）压灌法

压灌法又分为两类：两步压灌法、一步压灌法、盖下灌装法。

① 两步压灌法：所使用的设备是市场上最容易购得的标准设备，它包含两次充填过程，先将配制好的内容物充填入容器中，压盖后再将挥发性抛射剂压入容

器中。

②　一步压灌法：是将整个配方中的原辅料置于一个具有一定压力的容器中，然后在压力下将全部成分通过已事先被压好的阀门注入容器中。

压灌法的设备简单，不需要低温操作，抛射剂损耗较少，目前我国多用此法生产。但生产速度较慢，且在使用过程中压力的变化幅度较大。

③　盖下灌装法：是近几年在国外发展起来的灌装新技术。盖下灌装从原理上亦属于两步压灌法，但它又具有自己的特点，即盖下灌装工艺是将内容物混合后充填入容器中，压盖和抛射剂充填是同时进行的，此刻，抛射剂是通过阀与容器间隙而不是阀杆进入容器的，该工艺能够在瞬时间完成抽真空、抛射剂灌装和封盖 3 个工序。

（2）冷灌法

将内容物借助冷灌法装置中热交换器冷却至－20℃左右，抛射剂冷却至沸点以下至少 5℃。先将冷却的内容物灌入容器中，随后加入已经冷却的抛射剂（也可两者同时进入）。立即将阀门装上并轧紧，操作时必须迅速完成，以减少抛射剂损失。

冷灌法速度快，对阀门无影响，成品压力较稳定。但需制冷设备和低温操作，抛射剂损失较多。含水品不宜用此法。在完成抛射剂的灌装后（对冷灌法而言，还要安装阀门并用封帽扎紧），最后还要在阀门上安装推动钮，而且一般还加保护盖。这样整个产品的制备才算完成。

此外，还应对产品的生产过程中的装量差异、含量、水分、杂质、阀门系统的测定、密封性等进行在线控制。通过关键工艺和参数对产品质量影响的研究，建立合理的工艺控制指标，这为保证产品质量的一致性以及良好的重现性提供数据支持。这些数据对保证产品的质量具有重要意义。

第六章
营养声称设计

Chapter 06

营养声称是指陈述、说明或暗示食品具有特殊的营养益处。它正在成为一种切割、分流市场的工具。

科学合理的声称就像插在食品上面的旗帜，高高飘扬，引人注目，由此影响顾客的消费选择。

- 设计原理：详述声称的分类、关系、数据计算，声称的使用、要求和条件等
- 设计举例：营养素含量的两极——富含类产品的设计、不含类产品的设计

营养声称正在成为一种切割、分流市场的工具。

我国居民的食物消费已从"温饱型"逐步转向"营养健康型"，消费者越来越希望了解食品的营养成分和营养特性，以便选择适合自己的食品。

营养声称是指陈述、说明或暗示食品具有特殊的营养益处，如"无糖""低盐""低糖""低脂"和"高纤维""高钙"，等等。它已成为指导消费者选择健康食品的有效手段。科学合理的声称，就像插在食品上面的旗帜，高高飘扬，引人注目，由此影响顾客的消费选择。

营养声称方式包括：含量声称方式 26 种，比较声称方式 10 种，这是企业可选择的范围。

其设计内容包括原理和两极，如图 6-1 所示。两极是指营养素含量的两极：富含类（高）和不含类（无）。这两极产品的设计具有代表性，一加一减，是两种倾向的设计，其他声称都是这两种的程度减轻而已。

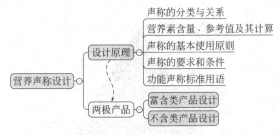

图 6-1　营养声称设计的内容

富含类包括：高蛋白质、高膳食纤维、高维生素、高矿物质。再往下细分，高维生素包括高维生素 A、高维生素 C 等，高矿物质包括高钙、高铁、高锌、高硒等。

不含类包括：无能量、无脂肪、无饱和脂肪、无胆固醇、无糖、无乳糖、无钠。

第一节　设 计 原 理

营养声称的设计，是通过营养素参考值的计算，满足相关条件与要求，就可以按相应方式进行声称，在产品标签上形成差异化，表现出不同的特色。

一、声称的分类与关系

营养声称指利用任何声明、建议或暗示来表示食品具有特定的营养特性。作为食品营养属性的说明和营养教育的工具，营养声称越来越受到消费者、生产者和管理者的青睐。

1. 营养声称

营养声称指食品营养标签上对食品营养特性的描述和声明，向消费者传达食品的营养属性，如能量水平、蛋白质含量水平。营养声称包括含量声称和比较声称。

① 含量声称　描述食品中能量或营养成分含量水平的声称。声称用语包括"含有""高""低"或"无"等。

② 比较声称　指与消费者熟知的同类食品的营养成分含量或能量值进行比较以后的声称。声称用语包括"增加"或"减少"等。所声称的能量或营养成分含量差异必须≥25%。

2. 营养成分功能声称

营养成分功能声称指某营养成分可以维持人体正常生长、发育和正常生理功能等作用的声称。例如，钙促进骨骼和牙齿的发育，铁是红细胞形成的因子，蛋白质帮助建立和修复机体组织等。

3. 关系

在食品标签上，营养成分表、营养声称、营养成分功能声称三者的关系，如图6-2。

图 6-2　营养成分表、营养声称、营养成分功能声称的关系

二、营养素含量、参考值及其计算

1. 营养素含量

营养标签与声称源自于产品中的营养素含量，该含量的取得有两种方法：

① 计算：向供应商索取原料的营养成分表，然后按产品配方进行折算。

② 检测：通过检测获得的营养素含量更为准确。

建议两种方法同时采用，相互印证。

2. 营养素参考值（NRV）

做出营养声称和营养成分功能声称之前，必须了解食物中某种营养成分是否达到可以产生声称效应的含量，参考标准是营养素参考值（Nutrient Reference Values，NRV）。

NRV是"中国食品标签营养素参考值"的简称，是专用于食品标签的、比较食品营养成分含量多少的参考标准，是消费者选择食品时的一种营养参照尺度（见表6-1）。

表 6-1　营养素参考值（NRV）

营养成分	NRV	营养成分	NRV
能量 a	8400kJ	叶酸	400μgDFE
蛋白质	60g	泛酸	5mg
脂肪	≤60g	生物素	30μg
饱和脂肪酸	≤20g	胆碱	450mg
胆固醇	≤300mg	钙	800mg
碳水化合物	300g	磷	700mg
膳食纤维	25g	钾	2000mg
维生素 A	800μgRE	钠	2000mg
维生素 D	5μg	镁	300mg
维生素 E	14mg α－TE	铁	15mg
维生素 K	80μg	锌	15mg
维生素 B_1	1.4mg	碘	150μg
维生素 B_2	1.4mg	硒	50μg
维生素 B_6	1.4mg	铜	1.5mg
维生素 B_{12}	2.4μg	氟	1mg
维生素 C	100mg	锰	3mg
烟酸	14mg		

注：能量相当于 2000kcal；蛋白质、脂肪、碳水化合物供能分别占总能量的 13％、27％与 60％。

NRV 是消费者为保持每日健康均衡膳食，计算摄入热量和营养素量的工具。它将科学营养转变为简单易懂的数据。为方便消费者规划个人每日饮食，提供营养数据指导。简单地说，NRV 是指导正常成年人保持健康体重和正常活动的标准（即你不需要减肥或增重）。

NRV 主要依据我国居民膳食营养素推荐摄入量（RNI）和适宜摄入量（AI）而制定。国际组织和各国都基本有自己国家的 NRV，我国 NRV 的制定也是与世界接轨的。

3. 营养素参考值的计算

NRV 的使用目的，是用于比较和描述能量或营养成分含量的多少，使用营养声称和零数值的标示时，用作标准参考值。使用方式为营养成分含量占营养素参考值（NRV）的百分数，指定 NRV 的修约间隔为 1，计算公式为：

$$NRV\% = \frac{X}{NRV} \times 100\%$$

式中，X 为食品中某营养素的含量；NRV 为该营养素的营养素参考值。

此结果就是食品标签上营养成分表中的"营养素参考值％（NRV％）"。

三、声称的基本使用原则

① 营养和功能声称适用于所有预包装食品，但不包括婴幼儿配方食品和保健食品；特殊膳食用食品和医学用途食品可参照此原则。

② 营养声称所涉及的物质仅指表 6-2 所列项目中的能量和营养成分；功能声称中所涉及的营养成分，仅指具有营养素参考数值（NRV）的成分。

③ 营养声称应符合表 6-2 中对声称的含量要求和条件。比较声称应按质量分数或倍数或百分数标示含量差异。

④ 营养声称可以标在营养成分表下端、上端或其他任意醒目位置。但营养成分功能声称应标示在营养成分表的下端。

⑤ 当同时符合含量声称和比较声称的要求时，也可同时进行两种声称。

四、声称的要求和条件

表 6-2 为能量和营养成分含量声称的要求和条件，表 6-3 为含量声称的同义语，表 6-4 为能量和营养成分比较声称的要求和条件，表 6-5 为比较声称的同义语。

表 6-2　能量和营养成分含量声称的要求和条件

序号	项目	含量声称方式	含量要求①	限制性条件
1	能量	无能量	≤17kJ/100g（固体）或 100mL（液体）	其中脂肪提供的能量≤总能量的 50%
		低能量	≤170kJ/100g 固体 ≤80kJ/100mL 液体	
2	蛋白质	低蛋白质	来自蛋白质的能量≤总能量的 5%	总能量指每 100g/mL 或每份
		蛋白质来源，或含有蛋白质	每 100g 的含量≥10%NRV 每 100mL 的含量≥5%NRV 或者 每 420kJ 的含量≥5%NRV	
		高，或含高蛋白质	每 100g 的含量≥20%NRV 每 100mL 的含量≥10%NRV 或者 每 420kJ 的含量≥10%NRV	
3	脂肪	无或不含脂肪	≤0.5g/100g（固体）或 100mL（液体）	
		低脂肪	≤3g/100g 固体；≤1.5g/100mL 液体	
		瘦	脂肪含量≤10%	仅指畜肉类和禽肉类
		脱脂	液态奶和酸奶：脂肪含量≤0.5%； 乳粉：脂肪含量≤1.5%。	仅指乳品类
		无或不含饱和脂肪	≤0.1g/100g（固体）或 100mL（液体）	指饱和脂肪及反式脂肪的总和
		低饱和脂肪	≤1.5g/100g 固体 ≤0.75g/100mL 液体	1. 指饱和脂肪及反式脂肪的总和 2. 其提供的能量占食品总能量的 10% 以下

序号	项目	含量声称方式	含量要求①	限制性条件
4	胆固醇	无或不含胆固醇	≤5mg/100g(固体)或100mL(液体)	应同时符合低饱和脂肪的声称含量要求和限制性条件
		低胆固醇	≤20mg/100g 固体 ≤10mg/100mL 液体	
5	碳水化合物(糖)	无或不含糖	≤0.5g/100g(固体)或100mL(液体)	
		低糖	≤5g/100g(固体)或100mL(液体)	
		低乳糖	乳糖含量≤2g/100g(mL)	仅指乳品类
		无乳糖	乳糖含量≤0.5g/100g(mL)	
6	膳食纤维	膳食纤维来源或含有膳食纤维	≥3g/100g(固体) ≥1.5g/100mL(液体)或 ≥1.5g/420kJ	膳食纤维总量符合其含量要求;或者可溶性膳食纤维、不溶性膳食纤维或单体成分任一项符合含量要求
		高或富含膳食纤维或良好来源	≥6g/100g(固体) ≥3g/100mL(液体)或 ≥3g/420kJ	
7	钠	无或不含钠	≤5mg/100g 或 100mL	符合"钠"声称的声称时,也可用"盐"字替"钠"字,如"低盐""减少盐"等
		极低钠	≤40mg/100g 或 100mL	
		低钠	≤120mg/100g 或 100mL	
8	维生素	维生素×来源 或含有维生素×	每100g 中≥15%NRV 每100mL 中≥7.5%NRV 或 每420kJ 中≥5%NRV	含有"多种维生素"指3种和(或)3种以上维生素含量符合"含有"的声称要求
		高或富含维生素×	每100g 中≥30%NRV 每100mL 中≥15%NRV 或 每420kJ 中≥10%NRV	富含"多种维生素"指3种和(或)3种以上维生素含量符合"富含"的声称要求
9	矿物质(不包括钠)	×来源,或含有×	每100g 中≥15%NRV 每100mL 中≥7.5%NRV 或 每420kJ 中≥5%NRV	含有"多种矿物质"指3种和(或)3种以上矿物质含量符合"含有"的声称要求
		高,或富含×	每100g 中≥30%NRV 每100mL 中≥15%NRV 或 每420kJ 中≥10%NRV	富含"多种矿物质"指3种和(或)3种以上矿物质含量符合"富含"的声称要求

① 用"份"作为食品计量单位时,也应符合100g(mL)的含量要求才可以进行声称。

表6-3 含量声称的同义语

标准语	同义词	标准语	同义词
不含,无	零(0),没有,100%不含,无,0%	含有,来源	提供,含,有
极低	极少	富含,高	良好来源,含丰富××、丰富(的)××,提供高(含量)××
低	少,少油①		

① "少油"仅用于低脂肪的声称。

表 6-4　能量和营养成分比较声称的要求和条件

序号	比较声称方式	要　　求	条件
1	减少能量	与参考食品比较,能量值减少 25% 以上	参考食品(基准食品)应为消费者熟知、容易理解的同类或同一属类食品
2	增加或减少蛋白质	与参考食品比较,蛋白质含量增加或减少 25% 以上	
3	减少脂肪	与参考食品比较,脂肪含量减少 25% 以上	
4	减少胆固醇	与参考食品比较,胆固醇含量减少 25% 以上	
5	增加或减少碳水化合物	与参考食品比较,碳水化合物含量增加或减少 25% 以上	
6	减少糖	与参考食品比较,糖含量减少 25% 以上	
7	增加或减少膳食纤维	与参考食品比较,膳食纤维含量增加或减少 25% 以上	
8	减少钠	与参考食品比较,钠含量减少 25% 以上	
9	增加或减少矿物质(不包括钠)	与参考食品比较,矿物质含量增加或减少 25% 以上	
10	增加或减少维生素	与参考食品比较,维生素含量增加或减少 25% 以上	

表 6-5　比较声称的同义语

标准语	同义词	标准语	同义词
增加	增加×%(×倍)	减少	减少×%(×倍)
	增、增×%(×倍)		减、减×%(×倍)
	加、加×%(×倍)		少、少×%(×倍)
	增高、增高(了)×%(×倍)		减低、减低×%(×倍)
	添加(了)×%(×倍)		降×%(×倍)
	多×%,提高×倍等		降低×%(×倍)等

五、功能声称标准用语

当能量或营养素含量符合上述有关要求时,根据食品的营养特性,可选用以下一条或多条功能声称的标准用语。以下用语不得删改和添加。

1. 能量

人体需要能量来维持生命活动。

机体的生长发育和一切活动都需要能量。

适当的能量可以保持良好的健康状况。

能量摄入过高、缺少运动与超重和肥胖有关。

2. 蛋白质

蛋白质是人体的主要构成物质并提供多种氨基酸。

蛋白质是人体生命活动中必需的重要物质,有助于组织的形成和生长。

蛋白质有助于构成或修复人体组织。

蛋白质有助于组织的形成和生长。

蛋白质是组织形成和生长的主要营养素。

3. 脂肪

脂肪提供高能量。

每日膳食中脂肪提供的能量比例不宜超过总能量的 30%。

脂肪是人体的重要组成成分。

脂肪可辅助脂溶性维生素的吸收。

脂肪提供人体必需脂肪酸。

（1）饱和脂肪

饱和脂肪可促进食品中胆固醇的吸收。

饱和脂肪摄入过多有害健康。

过多摄入饱和脂肪可使胆固醇增高，摄入量应少于每日总能量的 10%。

（2）反式脂肪酸

每天摄入反式脂肪酸不应超过 2.2g，过多摄入有害健康。

反式脂肪酸摄入量应少于每日总能量的 1%，过多摄入有害健康。

过多摄入反式脂肪酸可使血液胆固醇增高，从而增加心血管疾病发生的风险。

4. 胆固醇

成人一日膳食中胆固醇摄入总量不宜超过 300mg。

5. 碳水化合物

碳水化合物是人类生存的基本物质和能量的主要来源。

碳水化合物是人类能量的主要来源。

碳水化合物是血糖生成的主要来源。

膳食中碳水化合物应占能量的 60% 左右。

6. 膳食纤维

膳食纤维有助于维持正常的肠道功能。

膳食纤维是低能量物质。

7. 钠

钠能调节机体水分，维持酸碱平衡。

成人每日食盐的摄入量不超过 6g。

钠摄入过高有害健康。

8. 维生素 A

维生素 A 有助于维持暗视力。

维生素 A 有助于维持皮肤和黏膜健康。

9. 维生素 D

维生素 D 可促进钙的吸收。

维生素 D 有助于骨骼和牙齿的健康。

维生素 D 有助于骨骼形成。

10. 维生素 E

维生素 E 有抗氧化作用。

11. 维生素 B_1

维生素 B_1 是能量代谢中不可缺少的成分。

维生素 B_1 有助于维持神经系统的正常生理功能。

12. 维生素 B_2

维生素 B_2 有助于维持皮肤和黏膜健康。

维生素 B_2 是能量代谢中不可缺少的成分。

13. 维生素 B_6

维生素 B_6 有助于蛋白质的代谢和利用。

14. 维生素 B_{12}

维生素 B_{12} 有助于红细胞形成。

15. 维生素 C

维生素 C 有助于维持皮肤和黏膜健康。

维生素 C 有助于维持骨骼、牙龈的健康。

维生素 C 可以促进铁的吸收。

维生素 C 有抗氧化作用。

16. 烟酸

烟酸有助于维持皮肤和黏膜健康。

烟酸是能量代谢中不可缺少的成分。

烟酸有助于维持神经系统的健康。

17. 叶酸

叶酸有助于胎儿大脑和神经系统的正常发育。

叶酸有助于红细胞形成。

叶酸有助于胎儿正常发育。

18. 泛酸

泛酸是能量代谢和组织形成的重要成分。

19. 钙

钙是人体骨骼和牙齿的主要组成成分，许多生理功能也需要钙的参与。

钙是骨骼和牙齿的主要成分，并维持骨密度。

钙有助于骨骼和牙齿的发育。

钙有助于骨骼和牙齿更坚固。

20. 镁

镁是能量代谢、组织形成和骨骼发育的重要成分。

21. 铁

铁是血红细胞形成的重要成分。

铁是血红细胞形成的必需元素。

铁对血红蛋白的产生是必需的。

22. 锌

锌是儿童生长发育的必需元素。

锌有助于改善食欲。

锌有助于皮肤健康。

23. 碘

碘是甲状腺发挥正常功能的元素。

第二节　富含类产品设计

所谓富含类产品，是这里的简称，是指产品中某类营养素含量高，其营养声称方式为"高或富含×"。这部分内容包括 6 个方面，如图 6-3 所示。

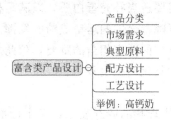

图 6-3　富含类产品设计的内容

一、产品分类

产品分为四类：高蛋白质类、高膳食纤维类、高维生素类、高矿物质类。

对于这个"高或富含×"，还可以在程度上进一步细分，例如，高蛋白可以细分为：①绝对"高蛋白"，要求产品中的蛋白质含量在 50％以上；②相对"高蛋白"，在所有的营养成分中，蛋白质的含量是最高的；③比较"高蛋白"，与原产品相比，新设计产品中的蛋白质含量有所提高，如从 10％提高到 20％。

二、市场需求

据中国产业调研网发布的 2017 年中国维生素市场现状调查与未来发展趋势报告显示，在中国，最受欢迎的是钙类，销售额超过 10 亿美元；蛋白粉次之；复合维生素是第三大单产品，销售额超过 6 亿美元。

1. 高蛋白质类产品

国际营养协会对成年健康个体蛋白质 RDA（每日推荐量）为 0.8kg/（kg·d）。摄入蛋白质的量取决于个人每天的运动量、蛋白质的质量、能量供应状况和碳水化合物的摄入量。蛋白质不仅可以帮助替换和形成新的组织，在血液和细胞中运输氧气和营养，调节水和酸的平衡，而且还是产生抗体所必需的物质。然而，过多的蛋白摄入，尤其是动物蛋白消耗过量，会导致心脏疾病、卒中、骨质疏松和肾结石。

研究发现，高蛋白饮食可以减少更多的体重。许多研究表明，在限制能量的饮食中增加蛋白质、降低碳水化合物，会更有利于减轻体重；高蛋白饮食还有助于减体重后的维持、防止体重反弹。高蛋白饮食降低体重的原因，一方面可能与包括增加饮食生热效应、增加饱腹感、减少饮食后的能量摄入有关；另一方面也可能与高蛋白饮食中低碳水化合物、尤其是精制碳水化合物的摄入减少有关。

值得一提的是，进行剧烈和持久训练的运动员与进行运动性质较轻松的人相比，需要额外的蛋白质，每天的需求量估计为 1.3～2.0g/kg 体重。运动消耗大量的能源物质，使蛋白质代谢过程加强。剧烈运动过程中运动员的皮肤排汗会丢失大量的汗氮，人体组织蛋白的更新以及运动员组织损伤的修补也需要蛋白质，因此运动员必须增强蛋白质摄入量。在进行体育运动或训练时，机体代谢明显增加，蛋白质的需要量也明显增加，需要适当补充蛋白质，以满足机体的需要。若蛋白质摄入不足，人体运动能力就会下降，会影响运动成绩的发挥。

对于老年人来说，蛋白质的补充相当的重要，除此之外，一般还需要多种不同的维生素和矿物质，包括抗氧化剂维生素 A、C 和 E。

2. 高膳食纤维类产品

据 2002 年全国居民健康现状的调查显示，一个标准中国成年人的膳食纤维日摄入量仅为 18.7g，远远低于中国营养学会建议的日摄入量 30.2g。在 2004 年的调查又显示，我国成人超重率已达 22.80%（约 2 亿人），而血脂异常患病率达 18.6%（约 1.6 亿人），与 2004 年以前相比，超重和血脂异常人群都在急剧上升。膳食纤维摄入的不足是引起现代疾病的重要原因之一，在这种情势下，我们更需要重视膳食纤维的摄入，在普通食物中添加膳食纤维。

膳食纤维因其在润肠通便、排毒、降血脂、降胆固醇、预防肥胖等方面有十分明显的作用，因此可作为一种功能因子，添加到各种食品中，增添食品的健康效应，衍生出各具特色的健康概念。它能锁定的消费者群体如下。

① 糖尿病人群：研究表明在适量摄入膳食纤维后，可降低糖尿病患者血糖水平。

② 便秘人群：目前水溶性膳食纤维广泛用于调节微生态平衡、润肠通便的保健食品。

③ 肥胖人群：膳食纤维在胃中吸水膨胀，增加饱腹感，也可减少进食；还能影响三大能量物质即蛋白质、脂肪、糖的分解酶的作用，降低能量物质的利用率，从而使机体摄入的热量减少。

④ 女性群体：膳食纤维的润肠通便和排毒养颜作用，是被广大年轻女性群体推崇的主要原因。

3. 高维生素类产品

维生素的功用是调节生理机能，大多数维生素是肌体内酶系统中辅酶的组成部分。目前已发现的维生素有 20 多种，一般的维生素在人体内均不能自行合成，必须依靠食物供给。当膳食中长期缺乏某种维生素或其含量不足时，就会引起代谢紊乱，从而引起维生素缺乏病。

随着社会文明的进步，带来了科学技术和产业经济的高度发达，人们的饮食构成已经由粗、劣型向精、细型食品转化，随之而带来的是脂肪、蛋白质、碳水化合物等供应过剩和矿物质、维生素类物质的缺乏，特别是维生素更加明显。另外，由于各地区人们的膳食习惯不同，往往会出现某些营养上的缺陷，据营养调查统计结果，各地普遍缺少维生素 B_2，食用精白米、精白面的地区缺少维生素 B_1，果蔬供应不足的地区普遍缺乏维生素 C。为了减少营养缺乏性疾病发生的风险，需要补充维生素或增加膳食的丰富性。

4. 高矿物质类

矿物质，又称无机盐，在营养学上是指构成机体组织和维持生物体正常生理活动所必需的某些元素。由于新陈代谢的结果，每天都会有一定量的无机盐排出体外，人体所需矿物质在体内不能形成，只能通过膳食摄取来进行体外补充。然而，我国居民面临营养不足和营养过剩的双重挑战，膳食结构不合理比较明显。由于地域环境和饮食习惯的不同，人体容易发生必需矿物质的缺乏，我国居民较易缺乏的矿物质主要有钙、铁、锌、碘和硒等。在食品中适量添加营养强化剂，可有效改善必需矿物质缺乏的状况。目前，强化钙、铁、锌食品是国内强化矿物质食品市场的主要产品。

三、典型原料

这是指富含类产品所添加的营养成分，来源主要为两类：食品原料、营养强化剂。

1. 食品原料

补充蛋白质、膳食纤维的来源主要是食品原料。例如：

① 乳蛋白　乳蛋白是最富营养价值的蛋白质。乳中的主要蛋白质几乎含有机体所有的必需氨基酸（EAA）。在西方国家乳蛋白及其产品为人们提供了近 20%～30% 的食物蛋白。乳蛋白主要有酪蛋白（Casein，CN）和乳清蛋白（Whey Protein）两大类。乳蛋白产品也包括脱脂乳粉（SMP）、乳清蛋白浓缩物（WPC）、乳蛋白浓缩物（MPC）和凝乳酶干酪素（CS）。

② 膳食纤维　从具体的组成成分看，膳食纤维包括阿拉伯半乳聚糖、阿拉伯聚糖、半乳聚糖、半乳聚糖醛酸、阿拉伯木聚糖、木糖葡聚糖、糖蛋白、纤维素和

木质素等。其中部分成分能够溶解于水中，称为水溶性膳食纤维，其余的称为不溶性膳食纤维。各种不同来源的膳食纤维制品，其化学成分的组成与含量各不相同。

2. 营养强化剂

补充维生素、矿物质的来源主要是营养强化剂，见表 6-6〔根据 GB 14880—2012《食品营养强化剂使用标准》列出〕。所以添加营养素，也称为营养强化。

表 6-6　允许使用的营养强化剂化合物来源名单

营养强化剂	化合物来源
维生素 A	醋酸视黄酯(醋酸维生素 A)、棕榈酸视黄酯(棕榈酸维生素 A)、全反式视黄醇、β-胡萝卜素
β-胡萝卜素	β-胡萝卜素
维生素 D	麦角钙化醇(维生素 D$_2$)、胆钙化醇(维生素 D$_3$)
维生素 E	d-α-生育酚、dl-α-生育酚、d-α-醋酸生育酚、dl-α-醋酸生育酚、混合生育酚浓缩物、维生素 E 琥珀酸钙、d-α-琥珀酸生育酚、dl-α-琥珀酸生育酚
维生素 K	植物甲萘醌
维生素 B$_1$	盐酸硫胺素、硝酸硫胺素
维生素 B$_2$	核黄素、核黄素-5′-磷酸钠
维生素 B$_6$	盐酸吡哆醇、5′-磷酸吡哆醛
维生素 B$_{12}$	氰钴胺、盐酸氰钴胺、羟钴胺
维生素 C	L-抗坏血酸、L-抗坏血酸钙、维生素 C 磷酸酯镁、L-抗坏血酸钠、L-抗坏血酸钾、L-抗坏血酸-6-棕榈酸盐(抗坏血酸棕榈酸酯)
烟酸(尼克酸)	烟酸、烟酰胺
叶酸	叶酸(蝶酰谷氨酸)
泛酸	D-泛酸钙、D-泛酸钠
生物素	D-生物素
胆碱	氯化胆碱、酒石酸氢胆碱
肌醇	肌醇(环己六醇)
铁	硫酸亚铁、葡萄糖酸亚铁、柠檬酸铁铵、富马酸亚铁、柠檬酸铁、乳酸亚铁、氯化高铁血红素、焦磷酸铁、铁卟啉、甘氨酸亚铁、还原铁、乙二胺四乙酸铁钠、羰基铁粉、碳酸亚铁、柠檬酸亚铁、延胡索酸亚铁、琥珀酸亚铁、血红素铁、电解铁
钙	碳酸钙、葡萄糖酸钙、柠檬酸钙、乳酸钙、L-乳酸钙、磷酸氢钙、L-苏糖酸钙、甘氨酸钙、天门冬氨酸钙、柠檬酸苹果酸钙、醋酸钙(乙酸钙)、氯化钙、磷酸三钙(磷酸钙)、维生素 E 琥珀酸钙、甘油磷酸钙、氧化钙、硫酸钙、骨粉(超细鲜骨粉)
锌	硫酸锌、葡萄糖酸锌、甘氨酸锌、氧化锌、乳酸锌、柠檬酸锌、氯化锌、乙酸锌、碳酸锌
硒	亚硒酸钠、硒酸钠、硒蛋白、富硒食用菌粉、L-硒-甲基硒代半胱氨酸、硒化卡拉胶(仅限用于 14.03.01 含乳饮料)、富硒酵母(仅限用于 14.03.01 含乳饮料)
镁	硫酸镁、氯化镁、氧化镁、碳酸镁、磷酸氢镁、葡萄糖酸镁
铜	硫酸铜、葡萄糖酸铜、柠檬酸铜、碳酸铜

营养强化剂	化合物来源
锰	硫酸锰、氯化锰、碳酸锰、柠檬酸锰、葡萄糖酸锰
钾	葡萄糖酸钾、柠檬酸钾、磷酸二氢钾、磷酸氢二钾、氯化钾
磷	磷酸三钙(磷酸钙)、磷酸氢钙
L-赖氨酸	L-盐酸赖氨酸、L-赖氨酸天门冬氨酸盐
牛磺酸	牛磺酸(氨基乙基磺酸)
左旋肉碱(L-肉碱)	左旋肉碱(L-肉碱)、左旋肉碱酒石酸盐(L-肉碱酒石酸盐)
γ-亚麻酸	γ-亚麻酸
叶黄素	叶黄素(万寿菊来源)
低聚果糖	低聚果糖(菊苣来源)
1,3-二油酸 2-棕榈酸甘油三酯	1,3-二油酸 2-棕榈酸甘油三酯
花生四烯酸(AA 或 ARA)	花生四烯酸油脂,来源:高山被孢霉(*Mortierella alpina*)
二十二碳六烯酸(DHA)	二十二碳六烯酸油脂,来源:裂壶藻(*Schizochytrium sp.*)、吾肯氏壶藻(*Ulkenia amoeboida*)、寇氏隐甲藻(*Crypthecodinium cohnii*);金枪鱼油(*Tuna oil*)
乳铁蛋白	乳铁蛋白
酪蛋白钙肽	酪蛋白钙肽
酪蛋白磷酸肽	酪蛋白磷酸肽

四、配方设计

富含类产品的配方设计,重点做好三个方面的工作,如图 6-4 所示。

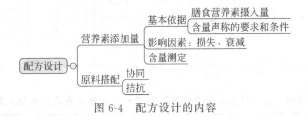

图 6-4　配方设计的内容

1. 营养素添加量

添加量的计算步骤为:①参照"中国居民膳食营养素参考摄入量标准(DRIs 中国营养素学会发布,2000 年)",确定添加量的大致范围,一般添加量为 DRIS 中 RNI 的 1/3~2/3;②同时满足营养成分含量声称"高或富含"的要求和条件;③再根据工艺损失率和货架期衰减率进行补偿;④最后通过含量测定,计算出营养素添加量(即设计值)。

(1)基本依据

① 膳食营养素摄入量　常量和微量元素、脂溶性和水溶性维生素的每日推荐摄入量或适宜摄入量见表 6-7、表 6-8(中国营养素学会发布,2000 年)。说明:

（a）推荐摄入量（RNI）可以满足某一特定群体中绝大多数（97%～98%）个体需要的摄入水平，长期摄入 RNI 水平，可以维持组织中有适当的储备；（b）适宜摄入量（AI）是通过观察或实验获得的健康人群某种营养素的摄入量，AI 的准确性远不如 RNI，可能显著高于 RNI。当健康个体摄入量达到 AI 时，出现营养缺乏的危险性很小。如长期摄入量超过 AI，则有可能产生毒副作用。因此使用 AI 时要比使用 RNI 更加小心。

表 6-7 常量和微量元素的每日推荐摄入量或适宜摄入量

年龄/岁	适宜摄入量(AI)						推荐摄入量(RNI)			适宜摄入量(AI)				
	钙(Ca)/mg	磷(P)/mg	钾(K)/mg	钠(Na)/mg	镁(Mg)/mg	铁(Fe)/mg	碘(I)/μg	锌(Zn)/mg	硒(Se)/μg	铜(Cu)/mg	氟(F)/mg	铬(Cr)/μg	锰(Mn)/mg	钼(Mo)/mg
0~	300	150	500	200	30	0.3	50	1.5	15(AI)	0.4	0.1	10		
0.5~	400	300	700	500	70	10	50	8.0	20(AI)	0.6	0.4	15		
1~	600	450	1000	650	100	12	50	9.0	20	0.8	0.6			15
4~	800	500	1500	900	150	12	90	12.0	25	1.0	0.8	30		20
7~	800	700	1500	1000	250	12	90	13.5	35	1.2	1.0	30		30
						男 女		男 女						
11~	1000	1000	1500	1200	350	16 18	120	18.0 15.0	45	1.8	1.2	40		50
14~	1000	1000	2000	1800	350	20 25	150	19.0 15.5	50	2.0	1.4	40		50
18~	800	700	2000	2200	350	15 20	150	15.0 11.5	50	2.0	1.5	50	3.5	60
50~	1000	700	2000	2200	350	15	150	11.5	50	2.0	1.5	50	3.5	60
孕妇														
早期	800	700	2500	2200	400	15	200	11.5	50					
中期	1000	700	2500	2200	400	25	200	16.5	50					
晚期	1200	700	2500	2200	400	35	200	16.5	50					
乳母	1200	700	2500	2200	400	25	200	21.5	65					

注：凡表中数字缺失之处表示未制定该参考值。

表 6-8 脂溶性和水溶性维生素的每日推荐摄入量或适宜摄入量

年龄/岁	推荐摄入量(RNI)		适宜摄入量(AI)	推荐摄入量(RNI)			适宜摄入量(AI)		推荐摄入量(RNI)		适宜摄入量(AI)		
	维生素A/μgRe	维生素D/μg	维生素E/mg	维生素B₁/mg	维生素B₂/mg	烟酸/mgNE	维生素B₆/mg	维生素B₁₂/μg	叶酸/μgDFE	维生素C/mg	泛酸/mg	生物素/μg	胆碱/mg
0~	400(AI)	10	3	0.2(AI)	0.4(AI)	2(AI)	0.1	0.4	65(AI)	40	1.7	5	100
0.5~	400(AI)	10	3	0.3(AI)	0.5(AI)	3(AI)	0.3	0.5	80(AI)	50	1.8	6	150
1~	500	10	4	0.6	0.6	6	0.5	0.9	150	60	2.0	8	200
4~	600	10	5	0.7	0.7	7	0.6	1.2	200	70	3.0	12	250

年龄/岁	推荐摄入量(RNI)	适宜摄入量(AI)		推荐摄入量(RNI)			适宜摄入量(AI)		推荐摄入量(RNI)		适宜摄入量(AI)		
	维生素A /μgRe	维生素D /μg	维生素E /mg	维生素B$_1$ /mg	维生素B$_2$ /mg	烟酸 /mgNE	维生素B$_6$ /mg	维生素B$_{12}$ /μg	叶酸 /μgDFE	维生素C /mg	泛酸 /mg	生物素 /μg	胆碱 /mg
7～	700	10	7	0.9	1.0	9	0.7	1.2	200	80	4.0	16	300
11～	700	5	10	1.2	1.2	12	0.9	1.8	300	90	5.0	20	350
	男 女			男 女	男 女	男 女							
14～	800 700	5	14	1.5 1.2	1.5 1.2	15 12	1.1	2.4	400	100	5.0	25	450
18～	800 700	5	14	1.4 1.3	1.4 1.2	14 13	1.2	2.4	400	100	5.0	30	500
50～	800 700	10	14	1.3	1.4	13	1.5	2.4	400	100	5.0	30	500
孕妇													
早期	800	5	14	1.5	1.7	15	1.9	2.6	600	100	6.0	30	500
中期	900	10	14	1.5	1.7	15	1.9	2.6	600	130	6.0	30	500
晚期	900	10	14	1.5	1.7	15	1.9	2.6	600	130	6.0	30	500
乳母	1200	10	14	1.8	1.7	18	1.9	2.8	500	130	7.0	35	500

注：DFE为膳食叶酸当量；凡表中数字缺失之处表示未制定该参考值。

② 含量声称的要求和条件 见表6-9。

表6-9 营养成分含量声称"高或富含"的要求和条件

序号	项目	含量声称方式	含量要求①	限制性条件
1	蛋白质	高，或含高蛋白质	每100g的含量≥20％NRV 每100mL的含量≥10％NRV 或者 每420kJ的含量≥10％NRV	
2	膳食纤维	高或富含膳食纤维或良好来源	≥6g/100g(固体) ≥3g/100mL(液体)或 ≥3g/420kJ	膳食纤维总量符合其含量要求；或者可溶性膳食纤维、不溶性膳食纤维或单体成分任一项符合含量要求
3	维生素	高或富含维生素×	每100g中≥30％NRV 每100mL中≥15％NRV或 每420kJ中≥10％NRV	富含"多种维生素"指3种和(或)3种以上维生素含量符合"富含"的声称要求
4	矿物质(不包括钠)	高，或富含×	每100g中≥30％NRV 每100mL中≥15％NRV或 每420kJ中≥10％NRV	富含"多种矿物质"指3种和(或)3种以上矿物质含量符合"富含"的声称要求

① 用"份"作为食品计量单位时，也应符合100g（mL）的含量要求才可以进行声称。

（2）影响因素：损失、衰减

这是指有效成分含量和产品质量的稳定性问题。这需要考虑营养成分的自然降解、生产过程中的损失。例如，奶粉中的维生素C，在加工工艺过程中损失量较大，可以在配料时添加维生素 C 的量按标准所示值的 150％左右加入，因为维生素 C 在产品贮藏及冲饮时也有较大的损失。

孙本风等通过数据统计的方法对婴儿配方奶粉中营养强化剂衰减率进行了研究。结果表明，婴儿配方奶粉经过 24 个月后，营养强化剂平均衰减率为 9.38％，其中维生素平均衰减率为 13.29％，矿物质平均衰减率为 8.44％，其他成分（肌醇、胆碱、牛磺酸）平均衰减率为 6.40％。

这些损失、衰减在配方设计时需要考虑补偿，设定"保险系数"，以保证营养成分的稳定性，必须和产品的货架期相适应。并考虑产品包装形式，减少或消除因为光、温度和湿度环境条件变化而对产品发生的影响。

（3）含量测定

配方中各组分的有效物含量必须准确测定。

配方及成品营养素含量的确定，需要进行科学折算，必须考虑食品本身元素的含量，考虑维生素与矿物质在生产加工储存过程中的设定"保险系数"，进行全盘考虑，从而保证营养素含量和产品的货架期相适应。

2. 原料搭配

营养平衡是补充的基本原则，是健康的基本保证。不能片面强调某营养素的作用，而忽略营养素间的平衡和相互协同或拮抗作用。

（1）协同

镁与钙有协同作用，镁可促进钙的吸收，比较理想的钙镁比例为 2：1。如果机体内缺镁，则不论钙摄取多少，都只能形成硬度极低的牙釉质，这种牙组织很容易受到酸的腐蚀。维生素 D 与钙、维生素 E 与硒、维生素 C 与铁和铜等存在协同关系。铜离子会加快维生素 B_1、维生素 C 等的氧化；维生素 C 可促进铁吸收；补充铁的产品经常加入维生素 C 作为二价铁离子的稳定剂，可促进铁的吸收，并可改善产品口味。

在膳食中，提倡将谷类和豆类混食，借以形成营养互补、功能均匀和风味融合，大幅度地提高蛋白质的营养价值。实验材料表明：小麦粉和玉米粉中加入 8％的大豆蛋白粉，蛋白质提高 6 个百分点；大米粉中加入 17％的大豆蛋白粉，等于加入 0.5％的赖氨酸和 0.3％的苏氨酸。蛋白质具有一定的替代和互补作用，配膳时完全可以把几种蛋白质混合食用，使蛋白质的生理价值提高，甚至接近完全蛋白质的生理价值标准。我国人民经多年的实践经验，有将小麦粉、玉米粉与豆类粉、瓜类粉掺在一起，以杂合面的形式为原料，做成各种主食的膳食习惯。

（2）拮抗

铁与钙磷、锌与钙、锌与铜等之间都存在拮抗作用；大多数维生素对矿物质（尤其是铜、锌、铁等高价离子的硫酸盐）和碱性物质不稳定；氯化胆碱具有较强的吸水性和碱性破坏作用，与微量元素协同表现更强烈等。草酸抑制钙的吸收；植酸抑制铁、锌和钙的吸收。难消化且相对分子质量高的配位体（如膳食纤维和一些蛋白质）会妨碍矿物质的吸收。这些在使用时必须注意。

五、工艺设计

富含类产品的工艺设计，主要包括四项内容，如图6-5所示。

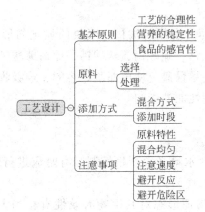

图 6-5　工艺设计的内容

1. 基本原则

在工艺路线基本不变的前提下，保证添加的营养素稳定有效，保证载体食品的质量不变，保证两者的混合均匀一致，因此应坚持以下三项基本原则：

① 工艺的合理性　有些营养素，尤其是维生素类和赖氨酸对热加工等工艺处理非常敏感，易导致结构破坏，起不到强化作用，甚至产生毒副作用（如赖氨酸分解产生的戊二胺）。因此，营养素应尽量在食品加工的后期添加。对于必须加热杀菌的液态食品应尽量采用高温瞬时杀菌代替传统的热力杀菌。此外，应保证所添加的营养素在食品完全混合均匀。

② 营养的稳定性　某些营养素如维生素和氨基酸在食品加工贮存中会因加热、光线照射和接触空气而破坏，保持稳定性的对策：改变营养素的结构、改进加工工艺、改善包装与贮存条件等。

③ 食品的感官性　食品的强化不应使食品产生杂色、异味，损害食品原有的感官品质而致使消费者不能接受。如用大豆粉强化面粉时易产生豆腥味，因此采用大豆浓缩蛋白或分离蛋白。此外，维生素 B_2 和 β-胡萝卜素色黄、钙剂味涩、铁剂色黑味铁腥、维生素 C 味酸、鱼肝油有腥臭味，也是强化时应注意的问题。对于强化食品的异味可采用真空脱臭、包埋掩盖等方法除去。

2. 原料

（1）选择

根据以下两项指标来选择营养素：

① 营养素的稳定性　例如，提高稳定性，维生素宜采用维生素盐或维生素酯，如维生素 A 醋酸酯、棕榈酸酯，维生素 C 磷酸酯虫胶，维生素 C 磷酸钙或异抗血

酸钠、L-抗坏血酸钙等。这些维生素类似物效价高、性质稳定，生理作用基本相同，在食品工业中有一定应用。但也存在成本较高或效果降低的弱点。

用于适合饼干等烘烤食品的强化，就不能选择维生素 C，而应选择维生素 C 磷酸酯钙（AP-Ca），后者同样具有维生素 C 的生理功能，但热稳定性比维生素 C 高得多，能够经受烘烤。

② 营养的吸收性　尽力选用易被机体吸收的强化剂形式。例如，可作钙强化用的强化剂很多，有氯化钙、硫酸钙、磷酸钙、葡萄糖酸钙、乳酸钙等，其中人体对乳酸钙的吸收量最好。尽量避免使用那些难溶的、难吸收的物质，并考虑强化剂的颗粒大小对吸收、利用性能的影响。

（2）处理

主要有以下三种方式：

① 烘干　矿物质的含水量必须严格控制，有时应进行烘干处理，以保证矿物质营养素的含水量不超过 10%。

② 粉碎　矿物质的物理形态对其生物有效性有相当大的影响，在消化道中，矿物质必须呈溶解状态才能被吸收，溶解度低，则吸收差；颗粒的大小也会影响可消化性和溶解性，因而影响生物有效性。若用难溶物质来补充营养时，应特别注意颗粒大小，必要时进行粉碎处理。

③ 胶囊化　这是对干性、自由流动的颗粒进行包衣的过程。如将维生素 C 制成乙基纤维素微囊，维生素 A 通过喷雾方法制成胶囊等。胶囊化可以用来掩盖令人不悦的气味，以及与活性成分隔离来防止微量营养素的降解，有助于抵抗周围环境 pH 值、氧气、金属离子等对维生素的影响，有利于维生素的保存和利用。

3. 添加方法

（1）混合方式

在食品中添加营养素实际上是将营养强化剂与载体食物混合的过程。其目的是将添加的营养素混合均匀，并要求对载体食物的特性没有太大的影响。这种混合方式有以下几种：

① 固-固混合，即干性混合，将少量的微量营养素添加到干性食品中，最常用的方法是干性混合。

有时矿物质营养强化剂需要干混加入，如营养强化面粉、食盐等。如将铁质与粉剂制品进行干混合，其色泽要比在液体工序添加的为佳，干混可以避免同其他原料组分发生化学作用。

② 固-液混合，如果营养素是液态的，可以将营养素以喷洒方式加入到食物载体中去。

③ 液-液混合，对液体和半湿性食物，微量营养素先被溶解或扩散到一个液体介质中（水或油），然后通过搅拌和均质的工艺添加到载体中去。

（2）添加时段

营养素的添加，主要根据所加入食品的加工工艺和对营养强化剂保存的最合适方式来确定。一般的添加时段可分为在原料或必需食物、加工过程、成品三种情况。

① 在原料或必需食物中添加　凡国家法令强制规定强化的食物和具有公共卫生学意义的强化内容均属于这一类，如强化碘盐、维生素与矿物质强化的面粉和大米以及调味品。这种强化方法简单，但存在所强化的营养成分在过程中损失的缺点。

② 在加工过程中添加（即在加工过程中的某一工序添加）　这是最普遍采用的方法。例如将营养素添加到罐装果汁及各种罐装食品、果汁粉、人造奶油、糖果糕点等。应该注意的是，食品在加工过程中维生素往往受光、热等的影响，不可避免地受到损失，因此在加工时要注意改进工艺条件，制订适宜的添加工序和时间。

③ 在成品中添加（即在形成成品的最后一道工序中加入）　此法可减少营养素在加工前的原料贮藏过程中和加工过程中的破坏损失，具有一定的优点。一般只适用于含水分很低的固态食品，如生产调制乳粉、母乳化乳粉、压缩食品等，均在喷制成粉状的成品中混入。矿物质营养强化剂的应用方法主要有湿法加入和干式混合两种，为了减少营养素的损失，一般在最后工序加入。

4. 注意事项

（1）原料特性

根据原料特性，来合理使用。例如，在牛奶中添加维生素，油溶性维生素的加入，一般是先将所要加入的维生素在植物油中加热溶解，然后再加入到配料中。水溶性维生素一般在配料时一次性加入到配料缸中，加入的方法是先用少量水将水溶性维生素彻底溶解，然后再慢慢倒入配料缸中。由于维生素 C 的热敏性及其对牛奶稳定性的影响，一般将维生素 C 直接搅拌入成品中，这样也可以防止由于维生素 C 的加入不当而引起牛奶沉淀变性。

（2）混合均匀

营养强化剂在食品中比例很小，如果搅拌不均匀，必然造成一部分不足，一部分过量，不但起不到好的作用，反而还会造成过量中毒，生产中一定要引起重视。一般可采用逐级梯度稀释预混法进行，保证混合均匀。

（3）注意速度

例如，在牛奶中添加营养素，应注意原料的添加次序、物料的溶解和混合搅拌时间，一般应现用现配。在加工过程中，矿物质加入得太快或太浓，都会使局部蛋白质产生沉淀，使制品产生颗粒或沉淀。这些情况在实验室可能不会发生，但在大量生产时就可能发生。

（4）避开反应

① 分开　应用矿物质营养强化剂时，微量元素、矿物质和维生素必须分开添

加，否则彼此间有化学反应，使营养成分效价降低，保质期缩短。尤其是 Fe^{3+} 对维生素A、维生素D、维生素E、维生素B_{12}的氧化破坏作用最为明显。

② 加稳定剂　在强化食品中使用稳定剂能够提高强化剂的稳定性。常用的稳定剂主要包括抗氧化剂如 BHA 和螯合剂如 EDTA。某些维生素，如维生素A、维生素C等对氧极为敏感，遇氧极易氧化损失。这时可采用抗氧剂、螯合剂等物质作为稳定剂来减少损失，如在维生素A溶液中添加生育酚浓缩物或树脂0.5%，或柠檬酸0.1%，或果糖3%等，产品经4个月贮藏后，维生素A仅损失5%左右，而未添加稳定剂的损失率达30%～40%。

(5) 避开危险区

例如，在动植物复合食品生产过程中，由于加入了果蔬成分及某些维生素，但维生素在氧、热、基质pH值、金属离子等的影响下，会有不同程度的破坏，必须采用合理的生产工艺，如低温真空搅拌、真空灌装；果蔬原料的加入，会改变原来食品的导热特性，根据热递规律确立合理包装及杀菌方程式，尽量做到高温瞬时灭菌。

六、举例：高钙奶

所谓高钙奶，就是钙含量更高的牛奶。通过人为添加的方式，提高牛奶中的钙含量，也就是对牛奶中的钙进行"强化"，给牛奶"补钙"，也称为钙强化奶。

1. 配方

高钙奶配方设计的内容：主要是主体、加钙和维稳，另外可根据需要添加其他营养素，如图6-6所示。

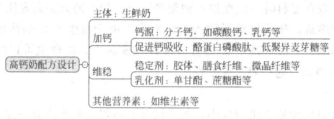

图6-6　高钙奶配方设计的内容

主体：生鲜奶，约占98%～99%，甚至更多，其余是微量的钙剂和稳定剂等。

钙源：常用钙源主要有两类，一类是分子钙，如碳酸钙、乳钙等；一类是离子钙，如乳酸钙、醋酸钙等。离子钙不能添加，因为牛奶中的酪蛋白对钙离子非常敏感，其牛奶中的钙磷平衡一旦打破，加热时就会引起酪蛋白凝固变性上浮，引起絮凝分层。分子钙不溶于牛奶，添加后会沉淀，因此需要选择适当的稳定剂加以稳定。乳钙的绝大多数成分都是来源于牛乳本身，所以它基本不会影响牛乳的感官性能；相反，乳钙会改善牛乳的风味和口感。骨钙具有微弱的腥味，但添加至牛乳后不会影响产品的风味和口感。碳酸钙作为一种优质钙源，它吸收率高，价格低，对产品口感影响小，且能满足人们对钙质强化量的要求。

促进钙吸收：加入的酪蛋白磷酸肽、低聚异麦芽糖等都可促进人体对钙的吸收，防止钙流失。

稳定剂：分子钙在奶液中会发生沉降，解决方法是增大溶剂相的黏度，即通过加入亲水胶体提高水相的黏度，但高钙奶作为一种乳饮料，必须在口感方面与牛乳接近，因此黏度不能太大。常用胶体和微晶纤维素等。分散的胶状微晶纤维素因水解作用使表面带有电荷而互相排斥，形成三维网络结构，阻止分子钙发生沉降，没有糊状感，给予产品爽口的质感。膳食纤维还可以弥补脂肪不足带来的口感缺陷，给产品带来滑爽和类似脂肪的口感。

乳化剂：为防止高钙奶出现脂肪上浮，适量添加乳化剂，如单甘酯、蔗糖酯等。

其他营养素：如有必要，可根据需要，添加其他营养素，如维生素等。

下面列举一组高钙奶专利配方，以供参考：

① 鲜牛奶 99.2～99.6 份，乳钙 0.2～0.25 份，单甘酯 0.2～0.25 份，高钙奶稳定剂 0.1～0.2 份。该稳定剂以微晶纤维素为主要成分，辅以其他食用胶体复合而成。

② 生牛乳 99.2～99.6 份，低聚半乳糖 0.2～0.5 份，乳矿物盐 0.06～0.08 份，碳酸钙 0.07～0.09 份，维生素 D_3 0.0010～0.0013 份，酪蛋白磷酸肽 0.006～0.008 份，水解蛋黄粉 0.003～0.006 份，单硬脂酸甘油酯 0.15～0.25 份，高钙奶稳定剂 0.10～0.20 份，该稳定剂是由微晶纤维素和卡拉胶按质量比 1：1 的混合物。

③ 脱脂牛奶大约 97.814%，乳钙（乳矿物质浓缩物）0.40%，酪蛋白磷酸肽（CPP）0.05%，水解胶原蛋白 0.10%，膳食纤维（菊粉）1.00%，蔗糖脂肪酸酯 0.13%，单脂肪酸甘油酯 0.30%，卡拉胶 0.016%，微晶纤维素 0.13%，三聚磷酸钠 0.04%，结冷胶 0.02%。

2. 工艺

收奶（原奶检验→过滤→冷却→贮存）→标准化（预热→净乳→浓缩→巴氏杀菌→冷却）→贮存→配料（升温→配料）→UHT（均质→预保温→UHT 灭菌→冷却）→无菌灌装

① 收奶：对原奶依据生鲜牛乳的企业标准检测，然后经过双联过滤器除去一些较大杂质，降温到 1～4℃ 以下，在原奶罐中暂存。在 24h 内应尽早用于生产，如超过 24h 则应进行感官指标、酸度、酒精实验检测。

② 标准化：采用浓缩或分离的技术对牛奶进行脱脂标准化，使脂肪含量符合生产该产品的要求。即，要求原料牛奶的蛋白质含量≥2.90%；脂肪含量≤0.50%；非脂乳固体≥8.10%。

③ 贮存：将牛奶冷却至 1～8℃，在奶仓中暂存，在 12h 内应尽早用于生产，如超过 12h 则每隔 2h 进行感官指标、酸度、酒精实验检测。

④ 配料：将牛奶加热至70℃，添加稳定剂、功能成分（乳钙、乳矿物质浓缩物）、酪蛋白磷酸肽（CPP）、水解胶原蛋白、膳食纤维（菊粉）等分散溶解，搅拌20～30min，混合均匀。

⑤ 均质、杀菌：均质温度60～80℃，均质压力16～26MPa；杀菌温度135～145℃，杀菌时间1～10s。

⑥ 无菌灌装：杀菌后冷却到20℃以下无菌灌装，灌装后经过包装后即得成品。

第三节　不含类产品设计

一、市场需求

1. 低能量、无能量食品

人们的生活水平不断提高，饮食也得到改善，很多人对热量的摄取往往超过自身利用和消耗的要求，导致近年来肥胖者的人数日趋增多，由肥胖带来的健康问题已经不容忽视。据研究，肥胖至少与数十种疾病有关，如糖尿病、高脂血症、动脉硬化、冠心病、高血压等，因此减肥话题日渐成为焦点。

肥胖是脂肪过多，而能量摄入大于消耗就会转变为脂肪贮存起来，所以减肥应首先控制能量的摄入。美国普遍采用极低能量饮食（VLCD）法进行减肥，每日能量摄入多为1758kJ，这种方法可在较短时间内使体重减轻，体重下降每周达1.1kg。

因此，为了减轻体重，防止疾病，人们开始开发低能量、无能量食品，这类食品已经是当今食品消费的一大趋势。

2. 低（无）脂食品，低（无）饱和脂肪食品

脂肪为人体营养所必需，是人体必需脂肪酸、氨基酸、前列腺素的来源和脂溶性维生素的载体。它作为食品主要组成之一，提供了风味、口感及香气，使产品具备肥满可口、柔滑细腻的特性。但是，脂肪也是能量最高的营养素，每千克脂肪能提供39.58kJ的能量，摄入过量的脂肪会引发肥胖、心脏病、高胆固醇、冠心病及某些癌症。自从20世纪70年代以来，食用饱和脂肪会直接提高心脏病发病风险一直是营养学的核心理念。

美国1995年的膳食指南指出，在人们的膳食中，脂肪提供的能量不宜超过总能量的30%，由饱和脂肪提供的能量不超过10%，非饱和脂肪提供的能量至少要占2/3。但实际上至今美国大多数消费者脂肪的摄入量仍达33%，尚未低于30%，而且肥胖者有增无减。

造成这一状况的主要原因，是脂肪的润滑口感及带给食品的香酥风味等让人难以割舍，诱惑难以抵挡。要使食品完全去掉脂肪是无法做到的，有时甚至减少它的

用量也将严重影响食品的可食性。消费者对食品中脂肪含量非常敏感，但又无法接受单纯减脂或无脂食品粗糙的口感时，脂肪替代品就应运而生，食品逐渐向脱脂、低脂方向发展。

3. 低胆固醇、无胆固醇食品

胆固醇是一种重要的类脂质，人体内的胆固醇来自于食物（特别是动物性食品）和体内组织的合成。在体内，胆固醇可转化为胆汁酸、类固醇激素和维生素 D 而发挥着重要的生理功能。但是，摄取过量的胆固醇会对人体健康造成危害，引起动脉粥样硬化、冠心病和高胆固醇血症。许多研究资料已经证明，摄入多量的胆固醇与高胆固醇血症、心血管疾病的高发病率成正相关。也有研究人员报道，心血管疾病的发病直接与食品摄取胆固醇量有关。

营养和医学专家推荐食物胆固醇的摄入量应不超过 $250\sim300mg/(d \cdot 人)$。动物实验和流行病实验研究证明，减少膳食胆固醇、总脂肪和饱和脂肪酸的摄入量是降低血液胆固醇水平、减少心脑血管疾病发生的一种有效方法。

因此，开发低胆固醇、无胆固醇食品以保证人们的饮食健康，就成为当今食品加工产业研究的热点之一。

4. 无糖、低糖食品

随着人们生活水平的不断提高，健康水平也得到了相应的提升，然而，现代"富贵病"的出现却成为不少人的困扰。调查显示，截至 2016 年年底，中国糖尿病患者人数达 1.1 亿，数量居世界第一。

不断增多的糖尿病患者是无糖食品的主要消费群体；一些肥胖者为了减肥的需要，也尽量选择无糖食品或低糖食品；一些喜欢甜食却怕胖的爱美人士因为要保持形体的缘故，对无糖食品情有独钟。这种需求使得市场对无糖食品的需求增大。

目前，糖尿病患者出现了扩大化和年轻化的趋势，而随着瘦身概念的流行，以及小孩子防蛀牙的需要，无糖食品、低糖食品的市场需求将越来越大。

5. 无钠（盐）、低钠（盐）食品

食盐是人体不可缺少的矿物质。人们长期食用高盐食品会增加心脏、肾脏的负担，易引起心脏病、高血压等心脑血管疾病，不利于人体的健康。据调查，吃盐量与高血压发病率有一定关系，吃盐越多，高血压发病率越高。中国人均食盐量严重超标，高血压患病率逐年升高，心脑血管疾病已成为我国居民的首要致死原因之一。我国大约有 1.6 亿人患有高血压，高血压是脑卒中的一个最为重要的危险因素，脑卒中问题在我国尤为突出。

大量的研究证实，高钠、低钾与高血压发生有关，干预研究结果也证实，减少钠的摄入、增加钾的摄入可以降低血压水平。因此，全民减盐在我国势在必行。从保护和增强健康方面出发，市场出售的食品已有低盐化、无盐化的倾向。例如低盐、减盐豆酱，低盐、减盐酱油、无盐奶油等。甚至连咸菜也由于冷冻技术的发展开始低盐化。

二、典型原料

不含类产品的典型原料，主要有三类，如图 6-7 所示。

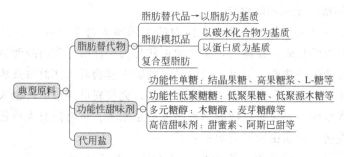

图 6-7 典型原料的内容

1. 脂肪替代物

理想的脂肪替代物具有以下特征：能量值小于 17kJ/g；从可接受的原料中分离制得；具有与天然油脂相似的口感；无色无味；稳定性好，不与其他营养成分发生相互作用；对人体安全无毒，使用数量不受限制；根据不同的用途其熔点可以调节。

基于以上原因，将脂肪替代物定义如下：脂肪替代物是一类加入到低脂或无脂食品中，使它们具有与同类全脂食品相同或相近的感官效果的物质，它在食品中可以有效地替代脂肪，减少食品中的脂肪含量，并使其仍然保持良好口感和组织特性。

脂肪替代物在化学结构上类似脂肪、蛋白质或碳水化合物。脂肪替代物分为脂肪替代品和脂肪模拟品，由于其化学结构不同，分别具有不同功能及感官特性，在食品中可以单独使用，也可配合使用，即为复合型。

（1）脂肪替代品

脂肪替代品是高分子化合物，是以脂肪酸为基础酯化得到的，其酯键能抵抗脂肪酶的水解，不参与能量代谢，不被人体消化，为低热量产品。在理论上，它能一对一等量取代食品中的脂肪，通常被称为脂肪基质的脂肪代用品。

其物理及化学性质类似于通常的油脂，能维持食品体系的亲油性，不影响风味物质的分布和释放，在冷却及高温时较稳定，可用于煎炸、焙烤食品等。它们可以是化学合成的，也可以是从传统的脂肪或油脂中提取、再通过酶法改性制得。化学合成脂肪替代品因为会导致肛漏和渗透性腹泻等问题而受到限制。

以脂质为基质的脂肪替代品所含热量很低或无热量。例如，山梨醇聚酯热量为 4.2kJ/g，蔗糖聚脂肪酸酯为 0。这类产品主要有：蔗糖脂肪酸聚酯、蔗糖脂肪酸酯、多元糖醇脂肪酸酯等。

（2）脂肪模拟品

脂肪模拟品是感官或物理性质模拟油脂的物质，能模拟脂肪的某些特性而替代部分脂肪，但不能完全替代脂肪，热量较低。由于它们能结合较多水，拥有一个能与水分子强烈结合在一起的结构，所形成的三维网状结构的凝胶能将大量的水截留，这些被截留的水具有较好的流动性，在质感和口感上类似脂肪，而且食用安全。由于它能结合较多水分，在高温时易引起变性或焦糖化，因而不能用于经高温处理的食品，也不能溶解脂溶性风味物质和维生素等。

根据原料来源不同，它又可分为两类：以碳水化合物为基质的和以蛋白质为基质的脂肪模拟物。

① 以碳水化合物为基质的模拟物　这类脂肪模拟物是指以碳水化合物为主要原料经物理或化学处理而制得的。这类模拟并不是 1∶1 替代脂肪，主要是通过凝胶状的基质稳定相当数量的水，产生同脂肪类似的润滑性和流动性，增加食品的黏度和体积，提供一种奶油状、滑爽的口感。它具有脂肪的外观和感观特性，可以替代焙烤食品、冰冻甜点、肉制品、沙司、涂抹食品、色拉调味料等食品中的脂肪。

这类产品来源广泛，产品多样，既能保持食品的风味又不提高成本，且都能被完全消化（聚糊精除外），不会引起肛漏和腹泻等不良反应。碳水化合物用于某些食品中替代脂肪已有多年的应用历史了，是最安全的食用脂肪替代物，其安全毒理性不需要验证。

碳水化合物模拟脂肪物常见的有：植物胶、淀粉、某些纤维素、麦芽糊精、葡萄糖聚合物、菊粉等。

② 以蛋白质为基质的脂肪模拟物　这类模拟物是以蛋白质为主要原料经物理或化学处理而制得。这些蛋白质资源有鸡蛋、牛乳、乳清、大豆、明胶以及小麦谷蛋白等，它们通过微粒化、高剪切处理，可具有类似于脂肪的口感和组织特性。

例如，斯比凯可公司将微粒化浓缩乳清蛋白作为一种由乳清蛋白浓缩物制成的天然乳品原料，进行生产和市场销售，在各种全脂和低脂食品中，起到了这些作用：结构化和柔滑的奶油味口感、乳化和泡沫稳定、热稳性和 pH 值稳定性。乳清蛋白浓缩物经过独特的微粒化处理后，可形成平均直径为 $1\mu m$ 的均匀蛋白颗粒。国内已有选择牛乳蛋白与鸡蛋白为原料研制类似的制品，首先是将蛋白混合物进行湿热处理，然后凭借独特的微粒化技术，制成具有脂肪类似口感的脂肪模拟品。

以蛋白质为基质的脂肪模拟品在应用上的局限性是，它们不能用于煎炸食品，因为高温会使蛋白质变性，从而失去模拟脂肪的功能；它们也不能溶解油溶性风味物质，因为蛋白质容易与一些风味成分发生化学反应，降低或使风味成分丧失。这些反应随所用的蛋白质和食品中其他成分的变化而变化。

这类模拟物可以替代某些水包油乳化体系食品配方中的油脂，多用于乳制品、色拉调味料、冷冻甜食及麦其淋等食品。

（3）复合型脂肪

复合型脂肪替代品是使用植物油、乳化剂、蛋白质和水通过一定的工艺调配而成。如将蛋白质、淀粉和水状胶体复合使用，对于减少脂肪含量、保持产品的结构特性有协同作用；菊粉和其他亲水胶体配合使用，可以改善食品组织形态，增加食品黏度，形成光滑细腻的凝胶，产生与脂肪相似的熔融及流变性。

2. 功能性甜味剂

甜味剂是指能赋予食品甜味的一种调味剂，而功能性甜味剂（Functional Sweeteners）是指具有特殊生理功能或特殊用途的食品甜味剂，也可理解为可代替蔗糖应用在功能性食品中的甜味剂。功能性甜味剂保湿性好，不具腐蚀性，能量低，具有双歧杆菌增殖等功能，在饮料、婴幼儿奶粉、乳加工制品、发酵乳制品等无糖食品（或低糖食品）需求日益增大。它包含两层含义：

一是最基本的，对健康无不良影响，它解决了多吃蔗糖无益于身体健康的问题。

二是更高层次的，对人体健康起有益的调节或促进的作用。

功能性甜味剂分为四大类：功能性单糖、功能性低聚糖、多元糖醇、高倍甜味剂。

（1）功能性单糖

包括：结晶果糖、高果糖浆和L-糖等。

① 结晶果糖　为单糖，是糖类中化学活性最高的糖。白色结晶性粉末，无臭，味甜。易溶于水（20℃时溶解度为3.5g/mL）与乙醇，不溶于乙醚。对光、热稳定，易吸湿。甜度为蔗糖的1.8倍，是糖类产品中甜度最高的糖。具有低热量性，不引起血糖浓度升高，不刺激胰岛素分泌，与脂肪同食，可抑制人体脂肪的过量储存，可以抑制龋齿、促进钙的吸收。与其他糖类或甜味剂具有协同作用，能使甜味的感觉增强，提高食品的甜度。

② 高果糖浆　高果糖浆本身可分为三种产品，第一代高果糖浆，总糖分中含果糖42%、葡萄糖50%～55%、低聚糖5%左右，其甜度与蔗糖相同；第二代高果糖浆，果糖含量55%，其甜度超过蔗糖10%，最适宜用作各种饮料、果汁的甜味剂；第三代高果糖浆，果糖含量90%，它的特殊用途是可作为糖尿病患者的糖食，是低热量的甜味剂，对肥胖病者食用有利。

纯果糖浆在营养和代谢方面有特殊的功能，果糖代谢过程不需要胰岛素辅助，因此糖尿病患者摄取果糖仍可进行正常的能量代谢。果糖在体内代谢转化的肝糖生成量是葡萄糖的3倍，具有保肝的功效。

③ L-糖　糖的D、L-型指的是糖分子的构型，是由糖分子中不对称原子形成的立体异构现象，是以甘油醛为标准而确定的相对构型。L-糖是D-糖的镜像异构体，人体内的酶系统对D-型糖发生作用而对L-型糖无效，L-糖并不是催化糖代谢酶所要求的那种构型，不会被消化吸收或消化吸收程度很小，因此就没有能量。L-糖在自然界相对稀缺，特别是L-葡萄糖和L-果糖。

L-糖的特点是：不提供人体能量；与D-糖的口感一样；因口腔微生物不能发酵L-糖，因此它不会引起龋齿；对通常由细菌引起的腐败、腐烂现象具有免疫力；

可作为 D-糖的代替品，不需要另外添加填充剂；在水溶液中稳定；在包括需经热处理的食品加工中稳定；可用在焙烤食品中，能发生美拉德反应；适合糖尿病人食用。

有关试验数据表明，对 L-糖也要像糖醇等甜味剂一样，确定其最大允许日摄入量。因为有试验表明，L-糖像糖醇一样可能会引起人体出现轻泻现象。

（2）功能性低聚糖

功能性低聚糖是指由 2～10 个单糖单位通过糖苷键连接起来，形成直链的或分支链的一类糖。功能性低聚糖甜度均低于蔗糖，口感好，热稳定性高。其主要生理功能有：热能低，不被人体消化和吸收，不增加血糖血脂，适合于肥胖病、糖尿病，高血压患者；属于水溶性膳食纤维，具有纤维素的部分功能，能防止便秘，预防结肠癌；能活化人体肠道内的双歧杆菌，提高人体免疫力；不被口腔微生物利用，具有防龋齿功能。

其种类很多，在国内外应用的有十几种，常见的功能性低聚糖的品种、结构、甜度见表 6-10。

表 6-10　功能性低聚糖的品种、结构、甜度及其生产方法

品种	相对甜度（蔗糖＝1）	主要成分	功能糖苷键类型	单糖类型	单糖数目	原料与生产方法
分支低聚糖	0.5	异麦芽糖、潘糖、异麦芽三糖、四糖	α-1,6	葡萄糖	2～5	淀粉，酶法合成
低聚果糖	0.3～0.6	蔗果三糖、四糖、五糖	β-1,2	葡萄糖、果糖	2～5	蔗糖，酶法合成；菊粉，酶法合成
低聚木糖	0.4	木糖、木二糖、三糖	β-1,4	木糖	2～7	木聚糖，酶法合成
低聚半乳糖	0.2～0.4	半乳糖基乳糖、半乳糖基半乳糖、半乳糖基葡萄糖	β-1,6	葡萄糖、半乳糖	2～6	乳糖，酶法合成
大豆低聚糖	0.2～0.7	水苏糖、棉子糖、蔗糖	α-1,6	葡萄糖、果糖、半乳糖	2～4	大豆乳清，分离精制
低聚麦芽糖	0.5	麦芽糖、麦芽三、四、五、六、七、八、九、十糖	α-1,6	葡萄糖	2～01	淀粉，酶法合成
低聚龙胆糖	0.4～0.6	龙胆二糖、三糖、四糖	β-1,6	葡萄糖	2～4	葡萄糖，酶法合成
低聚乳果糖	0.7	半乳糖基三糖	β-1,4	半乳糖、果糖、葡萄糖	3	乳糖、蔗糖，酶法合成
乳酮糖	0.5～0.6	异构乳糖	β-1,4	半乳糖、果糖	2	乳糖，化学转化
低聚帕拉金糖	0.3	二糖单体及其二聚体、三聚体、四聚体	α-1,6	葡萄糖、果糖	2～8	帕拉金糖，化学转化

（3）多元糖醇

多元糖醇是功能性糖醇，可用相应糖还原生成，具有良好生理功能：代谢与胰岛素无关，摄入后不会引起血液葡萄糖与胰岛素水平大幅波动；不会作为口腔微生物营养源，可抑制突变链球菌生长繁殖；帮助人体对钙吸收等。

多元糖醇主要包括山梨醇、麦芽糖醇、木糖醇、赤藓糖醇、异麦芽糖醇等，其物化性质见表 6-11。

表 6-11　各种多元糖醇的物化性质

项目	木糖醇	赤藓糖醇	甘露醇	山梨醇	麦芽糖醇	异麦芽糖醇	乳糖醇
原料	木糖	葡萄糖	蔗糖	葡萄糖	麦芽糖	帕拉金糖	乳糖
结构	五碳糖	四碳糖	六碳糖	六碳糖	二碳糖	二碳糖	二碳糖
制法	加氢	发酵	加氢	加氢	加氢	加氢	加氢
甜度	100	80	70	60	80	50	40
发热量	3	0	2	3	2	2	2
形态	结晶粉末	结晶粉末	结晶粉末	糖浆、结晶粉末	糖浆、结晶粉末	颗粒状	结晶粉末
碳原子数	5	4	6	6	12	12	12
相对分子质量	152	122	182	182	344	344	344
熔点/℃	94	121	165	97	150	145～150	122
玻璃化转变温度/℃	−22	−42	−39	−5	47	34	33
溶解热/(kcal/kg)[①]	−36.5	−43	−28.5	−26	−18.9	−9.4	−13.9
热稳定性/℃	>160	>160	>160	>160	>160	>160	>160
酸稳定性(pH)	2～10	2～10	2～10	2～10	2～10	2～10	>3
水解溶解度(20℃)/%	63	37	18	75	62	28	55
吸湿性	高	中	较低	高	高	很低	中

① 1kcal＝4.1868kJ。

（4）高倍甜味剂

高倍甜味剂的甜度通常为蔗糖的 50 倍以上。依来源的不同，高倍甜味剂分为天然提取物、天然产物的化学改性产品和纯化学合成产品 3 大类。天然提取物目前主要包括甜叶菊提取物和嗦吗甜等，天然产物的化学改性产品主要包括阿斯巴甜、纽甜和三氯蔗糖等，纯化学合成产品主要包括安赛蜜、阿力甜等。

高倍型甜味剂以粉末状或颗粒晶体为主，要使用得当，必须对其性状特点进行详细了解，例如阿斯巴甜用在中性至碱性的产品中甜味会降低，甚至失去甜味，高温长时间加热也会容易出现这个问题。而安赛蜜和三氯蔗糖在这方面表现要好很多，具体参见表 6-12。

表 6-12　常见高倍甜味剂的溶解性、稳定性和安全性

名称	溶解性	稳定性	安全性
白砂糖	好	稳定	高
糖精钠	好	低	低
甜蜜素	好	相对稳定	中
阿斯巴甜	一般(需加热或高速搅拌)	酸性相对稳定,对碱、热不稳定	较高
安赛蜜	好	稳定	高
三氯蔗糖	好	稳定	高
甘草甜素（甘草酸一钾及三钾）	好	低	高
甜菊糖苷	好(略带浅黄色)	相对稳定	高

甜味剂主要是提供甜味口感，这也是评价甜味剂好坏的根本依据，常见的高倍甜味剂和白砂糖的甜味口感特征描述见表 6-13。

表 6-13　常见高倍甜味剂的甜味特征

名称	甜度(白砂糖的倍数)	甜味特征	口感优良指数
白砂糖	1	甜味纯正、协调顺口,甜感迅速,甜味持续时间短,无不良后味	★★★★★
三氯蔗糖	600 倍	甜味纯正清爽,甜感稍慢,甜味强烈持久	★★★★☆
阿斯巴甜	200 倍	甜味迅速强烈持久,清润爽口,有轻微水果香味	★★★★
安赛蜜	200 倍	甜味愉快,甜感迅速而强烈,有轻微后苦味	★★★☆
甜蜜素	30～80 倍	甜感不强烈,略有苦味,甜感较慢持续时间长	★★★
甜菊糖苷	200～300 倍	甜味强烈持久,有特殊香味以及后苦涩味	★★☆
甘草甜素(甘草酸一钾)	500 倍	甜感稍弱,有特殊的回甘味及草药味	★★
糖精钠	350～400 倍	甜味强烈持久,有类似金属的苦涩味	★

注：★代表等级，★越多，等级越高。

3. 代用盐

膳食限盐虽然对高血压的防治有重要的意义，然而长期养成的饮食口味习惯，不容易改变。如何找到"减盐不减咸"的健康方式和相关产品，是减盐、限盐运动成功的关键。有许多研究者在这方面做了大量的工作，主要集中在减少钠盐的同时增加有利的矿物营养素，国内外有一部分学者集中于用其他金属盐代替钠盐的研究和应用。因此由低钠、高钾、高镁组成的代用盐产生，从 19 世纪 80 年代开始，这种代用盐就开始被应用。

钠与血压呈正相关，钾与血压则呈负相关。于是通过调节盐中钠和钾的比例，

使代用盐发挥作用：①减少食盐里面直接导致血压升高的氯化钠含量（从 100％降低至 65％），能有效降低血压；②增加食盐里面能够降低血压的氯化钾含量（由 0 增加至 25％）；③在食盐里面增加硫酸镁的含量（增加 10％），用于替代补钠含量的缺失。

但是这类代用盐的推广却不是很顺利，原因是钾盐、镁盐代替钠盐均产生金属苦味，令人非常难受。为了避免口味上的不足，开发新型咸味调味剂是国内外学者长期关注的。肽呈味功能的理论和应用研究引起了各国学者的广泛关注，咸味肽的发现为代用盐找到了一条新路。利用食品级生物酶试剂对蛋白质进行有限的水解可以获得咸味肽，咸味肽作为呈咸味的多肽，能够在一定程度上替代食盐用于食物烹调中，并且可以较好地被人体吸收利用，开发与应用前景广阔。

李迎楠等以牛骨为原料酶解制备咸味肽，测定分析，咸味肽含有较丰富的氨基酸种类，其氨基酸总量为 56.25mg/100mg，其中甘氨酸含量最高，其次是谷氨酸、脯氨酸、丙氨酸。从现代医学角度来看，部分氨基酸在抑菌消炎、促进脂肪代谢、增强人体免疫功能、延缓机体疲劳、促进人体发育和提高中枢神经组织功能等方面具有一定作用。

另外，美国一公司推出一种改进型代用盐，主要成分为氯化钾与 L-赖氨酸，后者是一种对人体有益的氨基酸（尤其对儿童有促进生长作用），它有屏蔽掉氯化钾金属苦味的效果。

三、设计要求

不含类产品的设计，作为食品应满足相应的产品标准要求，在营养成分含量声称方面，应符合表 6-14 的要求和条件。

表 6-14　营养成分含量声称"无或不含"的要求和条件

序号	项目	含量声称方式	含量要求①	限制性条件
1	能量	无能量	≤17kJ/100g(固体)或 100mL(液体)	其中脂肪提供的能量≤总能量的 50％
2	脂肪	无或不含脂肪	≤0.5g/100g(固体)或 100mL(液体)	
		无或不含饱和脂肪	≤0.1g/100g(固体)或 100mL(液体)	指饱和脂肪及反式脂肪的总和
3	胆固醇	无或不含胆固醇	≤5mg/100g(固体)或 100mL(液体)	应同时符合低饱和脂肪的声称含量要求和限制性条件
4	碳水化合物(糖)	无或不含糖	≤0.5g/100g(固体)或 100mL(液体)	
		无乳糖	乳糖含量≤0.5g/100g(mL)	仅指乳品类
5	钠	无或不含钠	≤5mg/100g 或 100mL	符合"钠"声称的声称时，也可用"盐"字代替"钠"字，如"低盐""减少盐"等

① 用"份"作为食品计量单位时，也应符合 100g（mL）的含量要求才可以进行声称。

四、设计方法

不含类产品的设计方法，如图 6-8 所示。

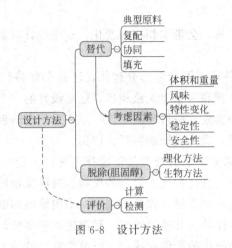

图 6-8　设计方法

1. 替代

不含类产品的设计方法，主要是替代，采用前面介绍的典型原料，进行相应的替代。例如，无能量、低能量食品的设计方法是：调节配料，减少能量，使用高倍甜味剂等功能性甜味剂来替代、降低蔗糖含量，使用脂肪替代物来替代脂肪含量。

复配、协同、填充总是伴随着替代出现。

① 复配　替代物总是存在一些缺陷，例如，单一高倍甜味剂在用量大时常有不良风味。复配甜味剂利用各种甜味剂之间的甜感差别，达到甜味互补和协同增效的作用。如添加 2％～3％阿斯巴甜于糖精中，可明显掩盖糖精的不良口感；甜蜜素和糖精钠按 1∶10 比例复配时，可以消除两者在高浓度时的不良口感。

由于甜味剂之间的协同作用，使用量可进一步减少，因而成本更低。安赛蜜与甜蜜素以 1∶5 比例复配可增加甜度；利用安赛蜜甜味释放快，但保留时间短的特性，将其与蔗糖素按 5∶1 配制成甜味剂时，甜度可增加 30％～40％。

② 协同　典型原料之外的其他原料，也会参与进来，发挥协同作用。例如，在我国，白酒常被用在许多食品中来提高食品的风味，酒中的乙醇还起着防腐剂的作用。在低盐发酵食品中，添加一定量的乙醇，可以防止发酵醪腐败，乙醇与食盐协同作用可以降低食盐用量。在制曲原料中加入中药材，既可以刺激有益菌的生长，又可以抑制杂菌的生长。生姜是常用的中药及天然食品调味品，可用于发酵食品中与食盐协同起到防腐的作用，从而降低食盐的用量。

③ 填充　在替代的过程中发生体积和重量减少的情况，就需要用低（无）能量填充剂进行填充。所谓低（无）能量填充剂类似于前面介绍的典型原料（替代

物），但范围更广，包括膳食纤维和一些多糖填充剂，如多元糖醇、麦芽糊精、功能性低聚糖等。此外一些辅助成分，如植物胶、明胶、果胶和微结晶纤维也用来增加产品的实体感，通常与葡聚糖、改性淀粉、淀粉水解物和麦芽糊精之类的填充剂一起使用。

替代过程出现的差异，会带来相应的变化，这是设计时需要考虑的因素，主要是以下五项：

① 体积和重量　替代，不论是部分替代，还是全部替代，首先是一个体积和重量的替代，保证在体积和重量上大致相当，这是设计的一个基准。例如，用糖醇和低聚糖代替白砂糖和糖浆，进行等量替代，原来采用白砂糖和糖浆生产产品的技术就可以继续发挥作用，成为设计的参照、依据。

② 风味　产品风味是影响消费者是否选择该种产品的关键因素之一，这个问题必须引起足够的重视。进行替代之后，替代物会对风味物质的释放和产品的总体风味特性产生影响，这就需要进行弥补。例如，采用糖醇和低聚糖替代白砂糖，除木糖醇的甜度与蔗糖一样外，其他的甜度一般都比蔗糖要低，若甜度不够的话，就可能需要添加适当种类配比的高倍甜味剂，以模仿蔗糖的怡人甜味。

③ 特性变化　这类变化需要对配方和工艺进行相应的调整。例如：容易结晶的糖醇不宜单独用来制造各种糖果，应通过添加抑制剂（如 $30\% \sim 40\%$ 的氢化淀粉水解物）确定合理的配方。吸湿性强的糖醇不宜单独用来制造各种糖果，应从最终产品的整个质量要求来综合考虑。应用多种糖醇配伍时，应选择物性具有相容性、互补性、一致性的品种。

④ 稳定性　该稳定性，一是指替代物的稳定性，二是指产品的稳定性，两者都需要保持。例如，多数低聚糖和糖醇的热稳定性较好，但是有些强力甜味剂的热稳定性就比较差，如阿斯巴甜在高温条件下不够稳定，易分解，导致甜味的丧失。但由于阿斯巴甜的甜味纯正，还是经常用到。在使用阿斯巴甜时，应避免高温工序，在适当时机加入，或使用热稳定性好的微胶囊化阿斯巴甜。

⑤ 安全性　替代物的使用，关键在于合理，是部分还是全部替代，取决于经济利益和消费者的需求，前提是确保安全性。可以通过复配提高替代物的综合性能，降低投入量，既降低成本，又有利于解决安全性问题。例如，对于甜味剂，无论是单独使用还是复合使用，都应严格遵守使用范围和使用量的规定，这样才是安全的。选择糖精钠和甜蜜素复配，相对来说，生产者能获得最大的经济利益；但是由于安全性问题，就相对降低了产品的市场竞争力。

现在市面上的产品大多以阿斯巴甜、安赛蜜单体或复配为主，但是阿斯巴甜稳定性较差、不耐高温，与安赛蜜复合使用的情况下，甜度的衰减并没有改善，限制其在酸性和需要高温加工的产品中使用。在这种情况下，可以选择稳定性好的蔗糖素作主料，进行复配，从而使得复合甜味剂具有使用方便、甜度高、甜味纯正、生产成本低等特点。

2. 脱除（胆固醇）

胆固醇广泛存在于动物性食品中，例如，动物内脏（心、肝、肾、脑）、动物油脂、蛋类（包括各种鱼卵）、海鲜类、奶类等都富含胆固醇。这样一些高胆固醇食品食物，不仅是消费者喜爱的食品，同时也是丰富的营养源，因此，不能片面地限制或禁止食用这些食物，以此降低人体对胆固醇的摄入量，而有效和实用的方法是脱除这些食物中的胆固醇。

（1）理化方法

① 有机溶剂抽提食品中的胆固醇　由于胆固醇是一种脂溶性物质，因此采用有机溶剂萃取脱除食品中胆固醇成为首选技术，也是研究时间最长的一种技术。一般来说，混合溶剂的萃取效果优于单一溶剂，液体食品的处理效果优于固体食品。

采用有机溶剂萃取，虽然能在一定程度上去除食品中的胆固醇，但操作工艺复杂、抽提时间长，成本很高。为了消除有机溶剂在食品中的残留，通常需要高温处理，而在高温条件下，食品的营养价值、食用价值极易遭到破坏。

② 超临界 CO_2 萃取食品中的胆固醇　超临界 CO_2 性质稳定、无毒、无污染、费用低，具有较高的分子专一性、能保留食品风味等优点，常用于食品加工。

超临界 CO_2 萃取法，一次性设备投资比较大，但适用面广、节省能源，因此利用超临界 CO_2 萃取法生产低胆固醇食品具有广阔的前景。

③ β-环状糊精包埋法脱除食品中的胆固醇　β-环糊精可选择包埋胆固醇来形成包埋物。此包埋物既不溶于水，也不能溶于油脂，因此可以通过离心的方法从液体食品中去除。采用此法在处理食品的过程中，还能够包埋如磷脂等其他营养物质，并且离心设备要求高，离心处理后 β-环糊精在食品中会有残留，因此在低胆固醇食品开发中，该方法还没有实现工业化应用。

（2）生物方法

① 微生物降解或同化　虽然微生物直接转化、降解食品中胆固醇的成本较低，近年来受到研究者的青睐，但是由于微生物种类和来源不同，微生物在不同食品中的代谢活动和代谢产物有所不同，这种不确定性和各种代谢产物对人体影响研究的缺乏，使微生物发酵脱除食品中的胆固醇一直处于实验室研究阶段，而且微生物对胆固醇的降解率也有待提高。

② 酶法降解　随着一些高胆固醇氧化酶菌株的发现以及胆固醇氧化酶的获得，对胆固醇氧化酶性质以及该酶在低胆固醇食品制备中的应用也随即展开。

利用氧化酶分解食品中的胆固醇，中间氧化产物复杂，并且有些中间产物稳定存在，目前有关这些稳定中间产物和氧化终产物对人体健康的影响研究仍是空白，所以这种方法用于低胆固醇食品的开发还缺乏最基础的理论依据。

3. 评价

① 计算　通过替代等操作，根据各原料比例及营养素含量，计算出设计产品

的营养素含量，应符合表 6-14 的声称要求和条件。这是预期、设想。

②检测　设计的效果通过检测来验证，通过检测，与预期进行对比。如果所得结果在允许的范围内，说明达到设计目的。否则，进行检查与调整，重新设计配方工艺，以保证达到表 6-14 的声称要求和条件。

五、举例：无糖硬糖

无糖硬糖通常以糖醇为主要原料制成，有些产品中还添加了矿物质等营养成分。它是一种低热量糖果，尤为适合糖尿病患者食用，市场已经越来越成熟，市场占有量也在持续增长。无糖硬糖的增长很大成分要归功于很多新型的、替代蔗糖的甜味料的应用，从而衍生出了更健康、有更多附加值的硬糖新产品。

1. 配方

普通的糖果通常是以白砂糖和糖浆为主体，无糖糖果的配方设计就是以糖醇完全替代白砂糖和糖浆，成为无糖糖果的主体，在此基础上进行调色、调香、调味等。由于糖醇的甜度低，通常需要补充高倍甜味剂；有一些糖醇自身存在缺陷，就需要以复配的形式出现，例如，乳糖醇＋氢化淀粉水解物、木糖醇＋氢化淀粉水解物、异麦芽酮糖醇＋氢化淀粉水解物；还可以再添加其他营养、功能成分，向保健方面设计。

以异麦芽酮糖醇为例。用它生产的硬质糖果，主要的质量问题是可能会结晶，但不会发烊。于是添加 10%～15% 的氢化淀粉水解物可增加异麦芽酮糖醇的结晶时间和减少结晶现象，对结晶过程有抑制作用。氢化淀粉水解物是保湿剂、结晶化改良剂，还能与风味物质结合性好，提高糖果愉悦感。也可添加木糖醇，木糖醇具有吸湿性，加入后，吃起来会感到清凉，可以增强薄荷、留兰香等香型的风味。

参考配方见表 6-15，其中高倍甜味剂和酸的配比称为甜酸比，需要在一个合适的范围内，所以两者的高低是相对的。

表 6-15　异麦芽酮糖醇生产无糖硬质糖果配方

配料	用量/%	配料	用量/%
异麦芽酮糖醇	63.88	异麦芽酮糖醇	91
氢化淀粉水解物	15	木糖醇	10
水	20	水	38.5
三氯蔗糖	0.02	AK 糖	0.112
苹果酸	0.3	阿斯巴甜	0.112
柠檬酸	0.6	柠檬酸	1.8
食用香精	0.2	苹果酸	0.2
色素	适量	柠檬薄荷香料	0.3
其他成分	—	色素	适量

2. 工艺

（1）溶糖（化糖）

将糖醇、高倍甜味剂加入适量的水，加热煮沸，并不断搅拌，保持 3～5min，使各原料混合物充分溶解。

（2）熬糖

采用糖醇为原料生产无糖硬糖都需要较高的熬煮温度，加热至 170℃，维持此温度继续熬煮，并不断搅拌，直至糖液清晰透明光亮，浓度为 98% 以上（即糖液中水分下降至 2% 时）即可。糖液熬煮到规定浓度的整个过程中，要维持糖液始终处于沸腾状态，并不断搅拌，保证水分不断从糖液中脱除。如果熬煮温度过低，糖体会比较软，不容易凝固；如果过高，糖体颜色可能会变深，影响成品的美观。

（3）调和

将熬煮好的糖液冷却至 130℃，分别添加苹果酸和柠檬酸、食用色素等辅料，并不断搅拌，使所有物料充分混合均匀。由于温度较高，加香时容易造成香气的挥发，对香精的要求很高，选择耐温性好的香精。

（4）成型

可以采用以下两种方式成型。

浇注成型：要保持物料的浇注温度为 110～130℃，具有良好的流动性。浇注温度过高，糖膏和模板的温差太大，就容易导致糖果里而小气泡的生成；温度过低，则会使糖膏黏度变大，流动性不好。

冲压成型：糖膏冷却至 85℃ 时，糖膏输送机将糖膏送入保温辊床，使其保温，翻滚，搓动，拉长，拉延成糖条，经冲压机冲压成糖粒。

（5）冷却、包装

因温度过高，冷却时间相对延长，严格控制冷却时的环境温度。

采用异麦芽酮糖醇或异麦芽酮糖醇与高浓度麦芽糖醇糖浆混合生产的硬质糖果，无论何种包装均可。

第七章
保健功能设计

Chapter 07

　　保健功能设计是"食品＋保健"的结合，形成保健食品。它增加了功能性与新的卖点，保健声称就成为它引导消费的工具。

　　这就和普通食品拉开了差距，形成了高低不同的两个层次，以高打低就容易了。

- 重点内容：配方设计，工艺设计，制定标准
- 设计举例：增强免疫功能产品的设计、增强骨密度功能产品的设计

保健功能设计，就是以食品的基本功能为基础，附加上特定功能，使之成为保健食品。这就和一般食品分隔开来，提升了一个层次。

一般食品能提供人体生存必需的基本营养物质（食品第一功能），具特定色、香、味、形（食品第二功能）。

保健食品含一定量功效成分（生理活性物质），能调节人体机能，具有特定功能（食品的第三功能），保健声称就成为它引导消费的工具。而一般食品不强调特定功能（食品的第三功能），不能声称保健功能，否则就是违法，将按食品"虚假、夸大宣传"违法行为予以查处。

这就形成了高低不同的两个层次，以高攻低就容易了。某企业选猴头菇作原料，生产出猴菇饼干，主打"养胃"功效，由于差异的产品定位与大规模的市场宣传推广，产品一经面世，就在各大商超终端和电商热卖，销售额占据了饼干品类第一，掀起一阵"猴菇热潮"。我们不去深究这事，从中可以看出保健声称的影响力。

保健食品具有特定的保健功能，保健功能设计有其特定的内容，如图 7-1 所示，设计举例为市场中两类热门的产品。

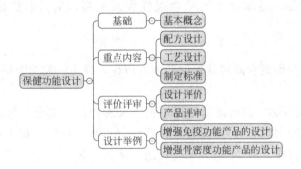

图 7-1　保健功能设计的内容

第一节　基本概念

基本概念包括三项内容，如图 7-2 所示。

一、定义

（1）保健食品

保健食品是指声称具有特定保健功能或者以补充维生素、矿物质为目的的食品。这类食品除了具有一般食品具备的营养功能和感官功能（色、香、味）外，还具有一般食品所没有或不强调的调节人体生理活动的功能（第三种功能）。由于这类食品强调第三种功能性，所以也称之为功能性食品。

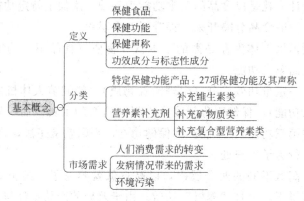

图 7-2 基本概念的内容

（2）保健功能

保健功能是指保健食品含有生理活性物质（又称为功能因子），能够促进人体健康、具有某种调节人体特定生理机能，对人体不会产生不良反应。也就是说，这类产品是保健食品，是添加了特殊功能性食品配料，从而提供特定保健益处的食品。

（3）保健声称

保健声称是指保健食品对其保健功能的声称，分为一般功能声称和营养素补充剂声称两类。

① 一般功能声称。其内涵是指通过摄入某种产品（成分）帮助人体某种器官（系统）继续保持正常状态，或改善某种器官（系统）功能或相关指标的疾病临界状态，促进人体健康。有 27 项"保健功能"及其声称。

② 营养素补充剂声称。主要是补充膳食供给的不足，功能声称描述为"补充×××"。

（4）功效成分与标志性成分

一般认为，保健食品功效成分与标志性成分是指在保健食品中能够起到调节人体特定生理功能，并且不对机体产生不良作用的活性物质。这些物质必须符合两个条件：

① 必须能在保健食品中稳定存在，即在食品的加工与贮存过程中不被完全破坏，而且在保健食品中应具有特定存在的形态和含量；

② 在进入人体后，它必须能够对人体正常的生理功能有调节作用，有效地使机体向健康的方向发展。

二、分类

保健食品分为两大类：一类为特定保健功能产品，另一类为营养素补充剂类。这是功能定位的选择范围。

二者在申报项目、评审要求等方面有很大的不同。营养素补充剂不能同时申报功能产品；同样，功能产品也不能同时申报营养素补充剂。

1. 特定保健功能产品

2003年，我国卫生部发布了《保健食品功能学评价程序与检验方法规范》。这一新标准，明确自2003年5月1日起，卫生部受理的保健功能分为27项。这是保健食品可以申报的范围。

我国受理的这27项"保健功能"及其声称，大体可以这样进行分类，见图7-3。

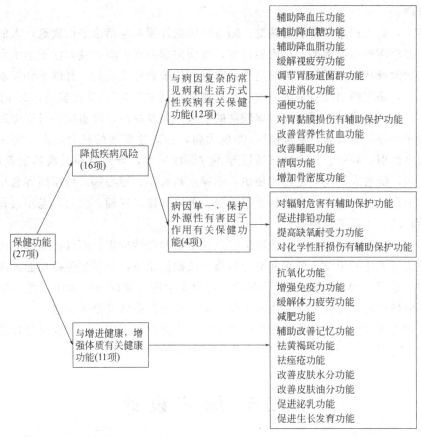

图 7-3　保健功能分类图

2. 营养素补充剂

营养素类产品也纳入了保健食品的管理范畴，称为营养素补充剂，如以维生素、矿物质为主要原料、以补充人体营养素为目的的食品，可以申报保健食品。它分为三类：

① 补充维生素类：补充维生素A、维生素B、维生素C、维生素D、维生素E、β-胡萝卜素、叶酸及胆碱等，如维生素A/维生素E夹芯糖。

② 补充矿物质类：补充钙、锌、铁、硒、镁、锰等，如富硒口香糖、儿童补血奶糖。

③ 补充复合型营养素类：不是单一补充矿物质或维生素，而是将其进行复合，如钙＋维生素 D 等。

三、市场需求

我国保健食品市场规模增长迅速，早在 2009 年就已超过日本，居世界第二，销售额达到 911 亿元。保健食品的巨大动力是广大消费者的强烈需求，主要表现为三个方面：

其一，是人们消费需求的转变。随着经济的发展与生活水平的提高，人们对于食品的要求逐步由温饱型向小康型转变，继而向营养保健型转变，注重追求食品的个性化和健身功能。保健食品的出现是对我国传统食疗文化的一种继承和发展。

其二，是发病情况带来的需求。比较典型的是"三病"：①富贵病，20 世纪 90 年代末，逐渐出现了一系列发病率较高的疾病，如高血压、高血脂、过度肥胖、痛风和糖尿病等，称其为"富贵病"；②现代病，在高速发展的社会，人们往往不善处理来自性别、职业、社会经济地位等各方面的压力，导致精神类疾病患者增加；③老年病，随着人口老龄化速度加快，肥胖、高血压、冠心病、糖尿病等老年病的发病率上升。另外，许多女性热衷于减肥、美容和排毒保健。因此，老年人和女性是保健食品的主要消费群体。

其三，是环境污染，不仅能够引起急性中毒和慢性危害，而且能够影响机体的免疫功能。人体的免疫系统在环境污染物的长期作用下，会发生免疫功能失调或病理反应。雾霾、$PM_{2.5}$ 近年来成为热词，这只是中国环境问题的冰山一角。生态环境保护形势严峻，最受公众关注的大气、水、土壤污染状况令人忧虑。

由此造成我国保健食品市场规模迅速增长。因此我们应高度重视保健食品的研发工作，为人民群众提供更为天然、安全、有效的保健食品。

第二节　配方设计

保健产品配方设计应以科学的理论为指导，根据剂型特点，对配方中的营养素、中药物性进行分析，筛选适宜的原辅料，从而拟定产品配方。其内容见图7-4。

一、配方依据

科学合理的配方是保健功能的基础，依据主要来自三个方面：养生保健的中医学理论、现代营养科学理论、现代生命科学理论。

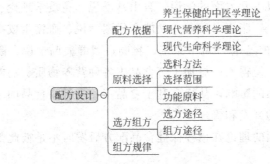

图 7-4　配方设计的内容

1. 养生保健的中医学理论

中医学是以整体观、辨证论治为基本观点，以阴阳、五行学说为自然观和方法论，以藏象学说、经络学说、气血津液学说为人体认识论的综合理论体系，深受中国哲学思想的影响，具有"一叶知秋"的意境。中医学认为"不治已病，治未病"、"不病而治易得，小病而治可得，大病而治难得"，强调早期预防、防患于未然的重要性。

中医养生理论强调顺应自然、形神兼养、动静结合、调养脾肾。中医学历来有"药食同源"的观点，认为药与食同源同用、同理同功，二者在养生保健作用上是相辅相成，密不可分的。这一理论观点赋予食物以"双重性质"，不但可以果腹、满足正常人体生理需要，还具有预防疾病、保健、治疗、康复功效。

依据传统中医药养生保健理论配方的保健食品，应根据中医药理论和保健理论，分析保健功能适宜人群的生理、病理特点，客观地评价申报的产品预期达到的保健功能和科学水平。

2. 现代营养科学理论

现代营养学对营养素（包括功效成分）结构性能、营养代谢生理和营养与健康等的研究是保健食品研究的核心理论。当前的研究主要集中在营养素参考摄入量、功效成分剂量指标、新功能的发现以及新素材的开发等，其中营养素与功效成分交叉，两者剂量指标的研究是保健食品研发的重要基础。这些研究结论为保健食品配方设计提供了丰富的理论依据。

只要善于运用营养学的科技成果，保健食品的开发就可以有很多的思路和素材。比如膳食纤维以前并未发现它是什么营养物质，但是后来发现它是第七大营养素后，相应的保健食品就不断涌现。植物多糖很久以来都被作为杂质去除，近20年来发现一些植物多糖具有显著的增强免疫力的作用，于是像香菇多糖、枸杞多糖等保健食品就成了新秀。

3. 现代生命科学理论

生命科学是探索生命奥秘、保护生命发展、遏制损害生命的一个综合学科新领域。其中已取得直接与营养保健有关的若干新成就。保健食品配方所涉及的现代生命科学理论主要包括以下几方面的学说：自由基学说、免疫学理论、代谢产物堆积学说、内环境平衡学说、脂蛋白组成、功能和代谢学说、血糖生成指数（Glycemic Index，GI）的概念、神经-体液调节系统、胃肠道菌群失调学说、激素、营养因素对骨质代谢的影响等，使得人们更加了解食品中各种营养物质、功能成分以及有毒物质对人类生理和健康的影响，从而有利于食品工业中健康食品的生产，并能有的放矢地进行保健食品的开发和管理。

当然，以上三方面的理论在指导保健食品配方研发时不是彼此割裂的，而是相辅相成、彼此印证的。

二、原料选择

1. 选料方法

选料应根据保健目标进行。功能作用一旦确定，就需要广泛收集可能具备该项功能作用的各种原料，然后认真分析这些原料所具有的功效成分的含量、作用机制以及作用效果。通过分析、比较，从中选出功效成分比较明确、含量较丰富、生理调节作用比较明显，并经过科学研究得到证实且被广泛认可的原料，作为该种保健食的配方的主料。然后再选择其他配料和辅料，以达到较好的调节功能。

2. 选择范围

保健食品的原料较为广泛，主要包括普通食品、既是食品又是药品的物品、可用于保健食品的物品、维生素和矿物质、真菌、益生菌等；辅料应当仅以满足产品工艺需要或改善产品色、香、味为目的，并且应当符合相关规定及标准。

3. 功能原料

保健食品功能有效物质的原料资源主要有三类：

一是营养素类。如优质蛋白，活性肽，维生素类如 A、C、E，胡萝卜素，矿物质如钙、铁、锌、硒等。这些营养物质有强化量、相互平衡、提高生物利用以及按 GB 14880—2012《食品安全国家标准 食品营养强化剂使用标准》使用的合法性问题。

二是中药资源。这是开发保健食品的资源宝库，深得炎黄子孙的赞许。主要资源有经国家卫生和计划生育委员会公布的既是药品又是食品的物品，有 80 多种，可用于保健食品的中药材有 100 多种。还有传统应用的保健中药（神农本草经收载 165 种，本草纲目收载 253 种）。这类资源除国家卫生和计划生育委员会公布的 100 多种之外，均须证明毒理上安全。

三是生命科学研究成果提出的原料资源。其中包括抗自由基损害物质、非营养素类植物化学物类、抗疲劳物质、双歧杆菌及其他菌藻类、DHA、与 α-亚麻酸、茶多酚、谷物胚芽、低聚糖等。这类资源应用的前提，除保健功能确凿之外，也必须食用安全。

三、选方组方

1. 选方途径

我国的保健食品具有浓厚的中国特色，这是因为许多配方都是取材于某个中药方剂。中医具有独特临床疗效的根本原因，在于合理、灵活的运用中药，几千年来历代医家通过不断组方改进，不断研制出许多行之有效的、新的中药配方。许多经典方、药茶在中国运用了千年，如果用现代术语可以说，其临床观察时间长达千年，沙里淘金，百代验证。这为中药保健食品的研制与开发提供了宝贵的配方资源。选方的途径有：

① 从古今方剂医籍中选择；

② 从历代名医医案中选择；

③ 从国内外有关期刊杂志上选择；

④ 从名老中医、民间医生和医院制剂中选择；

⑤ 从民间单方、验方中选择；

⑥ 从科研处方中选择。

可以采用综合比较的分析方法。综合古今医籍、期刊、民间单验方、老中医经验方中功效相近或药理作用、主治相近的方剂，先初步选定几个方剂，再运用中医药理论，结合临床实际对各处方进行综合分析，从中筛选出最佳处方确定下来。

分析的内容、范围：包括处方来源、药材品种、性味归经、配伍禁忌、功能主治、毒性大小、有效成分、用法用量以及存在问题。分析结果若有不合理的地方，可以通过调整和研究加以修正、确定。

这是一个严谨的、科学的过程，不能草率行事。有的企业采用错误的研发方式：确定申报某项功能产品，首先查一下哪种中药成分可以在试验室做出该功能，然后再去查询在国家规定允许使用的中药名单中那些中药含有该成分，再将这些中药机械地拼凑在一起，形成配方。这不是真正的传统保健食品，传统保健食品的内涵被大量丢弃了。

2. 组方途径

有以下三条途径：

（1）以我国传统中医保健理论组方

祖国医学为保健食品的功能定位提供了理论依据。祖国医学认为"不治已病，治未病"、"不病而治易得，小病而治可得，大病而治难得"，强调早期预防、防患于未然的重要性。中医历代医家都十分强调饮食营养的重要性。

食疗即饮食疗法，或称食治，是在中医理论指导下，利用食物的特性或调节膳食中的营养成分，达到治疗疾病、恢复人体健康的目的。祖国医学不仅在理论上明确了食疗的重要性，而且积累了丰富的经验，许多食疗保健配方在民间流传甚广，被百姓普遍接受，起到了很好的预防保健效果，在人体健康方面发挥了巨大作用。

（2）以现代科研成果组方

现代医学、现代营养学为保健食品的功能定位提供了科学依据。

我们通常说患了疾病，但在古代"疾"与"病"含义不同。"疾"是指不易觉察的小病疾，如果不采取有效的措施，就会发展到可见的程度，便称为"病"，这种患疾的状态，现代科学叫"亚健康"，即指非病非健康状态，亚健康人群是疾病的高发人群。许多学者认为，人的健康状况可分为健康、亚健康、疾病三种状态，而且这三者处于动态的相互演变过程中。亚健康状态的理论为保健食品的功能定位提供了理论支持。

随着生活水平的提高，人们重视解决由于工作、生活紧张而带来的"亚健康"问题，如何从饮食方面加以调整，使之向健康状态转化，未雨绸缪、防患未然，是保健食品面临的重大挑战。

（3）以我国传统中医保健理论和现代科研成果相结合组方

现代科学技术的应用，正在不断提升科研试验的研究水平，药理学试验理论和技术的发展，为进一步明确我国传统保健食品原料的功能活性物质和作用机理提供了科学的手段，使保健食品的研究与中医学、中药学以及现代医学的研究紧密结合起来。

四、组方规律

周素娟分析研究了 2003～2005 年国家食品药品监督管理局（SFDA）注册的 2659 个产品中中药原料的应用状况，其组方规律见表 7-1。

表 7-1　各类保健功能产品的组方规律

序号	保健功能	组方特点
1	增强免疫力	多为补益类中药，尤以补气类最为常见，辅以理气、渗湿、补血、养阴等药组方
2	缓解体力疲劳	多为补益类中药，尤以补气类、补阳类最为常见，辅以利水、补阴等药组方
3	辅助降血脂	以消食类、利水渗湿类、活血化淤类为主，辅以补益类等药组方
4	抗氧化	以补气类、补阴类中药为主
5	通便	以泻下导滞、润肠通便、利水消肿为主。其中泻下类最为常见。其他常用的还有利水渗湿类、消食类、理气类、补益类等
6	辅助降血糖	以补气生津止渴、益气养阴、滋阴润燥等药为主
7	改善睡眠	以养心安神、补益阴阳、平抑肝阳等药为主
8	对化学性肝损伤有辅助保护功能	以补益类中药为主，辅以清热、利湿等中药
9	减肥	以泻下类、利水渗湿类、理气类、消食类等常见
10	提高缺氧耐受力	组方以补益类、活血类药为主
11	增加骨密度	组方以补肾强骨、补肾益精类中药，辅以富含钙质的珍珠、牡蛎等原料为主

序号	保健功能	组方特点
12	清咽	组方以清热、解表、化痰止咳药为主
13	改善营养性贫血	组方以补血、补气、气血双补中药为主,辅以富含铁质的物质
14	辅助改善记忆	组方以益气养阴、宁心安神、平抑肝阳等为主
15	对辐射危害有辅助保护功能	组方以补气、补阴类为主
16	改善生长发育	以健胃消食、补中益气、健脾养阴、理气调中等药为主,辅以珍珠、牡蛎等富含钙质的原料
17	辅助降血压	平肝息风类、安神类、补益类、清热解表类
18	缓解视疲劳	以清肝明目为主、补益肝肾类中药为主
19	促进排铅	中药类产品比例很低,组方以普通食品原料为主。使用到的中药原料有:昆布、莱菔子、乌梅、珍珠、枸杞子、甘草、菊花、黄芪、当归、茯苓、土茯苓等
20	促进泌乳	促进泌乳功能产品仅有 2 例。均以中药原料组方:当归、香附、益母草、黑芝麻、大枣、熟地黄、白芍、川芎、党参、蜂蜜等
21	对胃黏膜损伤有辅助保护功能	以温里、理气、利水渗湿、化湿开胃、补益类等为主
22	促进消化	以健胃消食、补气健脾、理气化湿为主
23	调节肠道菌群	中药类产品比例很低,组方以益生菌类为主。使用到的中药有:茯苓、砂仁、山药、西洋参、党参、白扁豆、决明子、白术等
24	改善皮肤水分	组方以补血、补阴类及珍珠、芦荟等具有美容作用的原料为主
25	祛黄褐斑	组方以活血化淤、补益类中药为主
26	祛痤疮	以发散风热、清热解毒凉血以及泻下类中药为主
27	改善皮肤油分	(无注册产品)

第三节　工艺设计

　　保健食品工艺设计是应用现代科学技术和方法,进行剂型选择、工艺路线设计、工艺技术条件筛选和中试等系列研究,并对研究资料进行整理和总结,使生产工艺做到科学、合理、先进、可行,使研制的保健食品达到安全、有效、可控和稳定。

　　它主要包括三个方面的内容:剂型选择、工艺研究、资料整理。

一、剂型选择

1. 剂型分类

　　一般来说,保健食品常选用的剂型分为两大类:

① 食品形态，如糖果、饼干、饮料等；

② 口服药品剂型，如胶囊剂、片剂、颗粒剂、口服液等。

2. 考虑因素

剂型选择反应产品属性。产品剂型的选择应根据需要、配方性质、适宜人群与食用量等为依据，主要考虑其成型技术是否有利于功效成分的吸收和利用，以及是否存在安全隐患，并考虑形态与剂型是否符合食用人群口服的顺应性，以达到有效、食用量小、毒性作用小，方便储运、携带、使用的目的。可参考注意以下几点：

① 根据原料的特点及功效成分的理化特性选择产品剂型，如易吸潮或滋味、气味特殊的原料可制成包衣型等。

② 根据功能选择剂型。如清咽功能产品可选择含片或口香糖等。

③ 根据食用人群的顺应性及安全性选择剂型。如儿童用的，除具有色香味吸引力和口感外，还可以考虑食用方便，可制成咀嚼片、泡腾片等。

二、工艺研究

工艺研究分为两大部分：从实验到生产、从制备到成型（如图 7-5），这两环的思路是不同的。

图 7-5　工艺研究的内容

1. 从实验到生产

这部分的生产工艺研究，包括实验室研究和中试放大生产研究，主要工艺参数要有优选实验研究，以确保功能指标成分保持一定的转移率，各个工艺环节在大生产中可以保持良好衔接和稳定。

（1）实验室研究

实验室研究，通常是根据保健食品的功能定位，选择相关的实验内容，查阅文献，设计实验方案，提出实验设计的详细思路和方法，完善实验方案，按照保健食品生产的规律，融合具有共性的实验，突出和开发创新型实验项目，通过实验，做成产品，评价好坏，然后改进。

① 分类　实验室研究可以细分成很多部分，按阶段可分为：中药材品质鉴定、功效成分筛选、生产工艺、配方组成、质量分析、包材测试等实验。

按产品的技术成熟程度不同，可分为：探索性实验，对结果的成熟性没有特别的要求，偏重于探索性，说白了就是试试大体是不是可行；基本成型实验，就是技术已经基本成型，但有些问题并没有充分解决，通常是成本方面的问题；产品成型实验，就是到了我们大家一般所认为的产品了，到这一个阶段的时候，技术的市场价值已经成熟，具备企业产业化盈利的基础。

② 方法　第一步，熟悉已有的工作成果，也就是文献调研。文献调研是根据设计课题的需要，有计划、有组织地调查、收集有关文献资料的工作过程。其目的见图 7-6。这就像我们去海边游泳时，先沿着海滩走走，看看水面的情况，有时候还用手捧起一点海水抹抹身体，活动一下，这都是"下水"之前的准备工作。

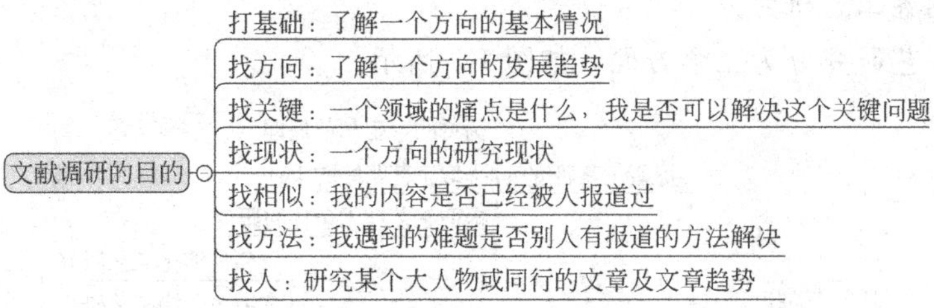

打基础：了解一个方向的基本情况
找方向：了解一个方向的发展趋势
找关键：一个领域的痛点是什么，我是否可以解决这个关键问题
文献调研的目的——找现状：一个方向的研究现状
找相似：我的内容是否已经被人报道过
找方法：我遇到的难题是否别人有报道的方法解决
找人：研究某个大人物或同行的文章及文章趋势

图 7-6　文献调研的目的

第二步，研究方向要定得长远，研究问题要定得具体，即大处着眼、小处着手。在形成研究问题时，关键在于概念的应用及假设的提出。

第三步，研究设计。传统的研究设计是一份详细的工作计划：选择可以测量的变量，决定所需的样本大小，数据的收集（实验设计）、统计分析，以及结论。

第四步，实验，评价，调整。

研究的方法就像盲人摸象。我们谁也没见过我们研究的"大象"是什么模样。盲人摸象靠触摸，我们靠实验，除了使用自己的感官包括眼睛之外，还有各种各样的实验仪器和技术手段。做研究要勇于尝试，爱因斯坦曾说："不曾犯错的人，是因为他从来不曾尝试新事物。"实验的过程就是认识过程，实验结果可能随时间而变化，随着观测资料的积累而不断地改正"错误"。正是这样逐次被修改，才得以完善。

（2）中试放大研究

中试研究是对实验室工艺合理性研究的验证与完善，是保证产品达到生产可操作性的必经环节。从科研成果到产业化生产是质的变化：从实验室研究到工业规模生产首先是数量的变化，物料流、能量流都以百、千、万或更大的倍数增加，在实验室操作中举手可行之事，工业上却需要专门的单元操作与专用的设备，任何一个生产流程由各种不同的单元操作过程所组成。

中试规模应为制剂配方量的 100 倍以上。中试生产研究是工艺研究的一个重要部分，是产品研究开发中的重要内容之一。中试生产研究既不是单纯的生产过程，又不同于实验室研究，而是两者的相互结合和相互验证，应予以重视。通过中试放大验证，考察工艺、设备及其性能的适应性，将必要的工艺与工程参数收集齐全，进行数据的可靠性分析，修订、完善适合生产的生产工艺。

2. 从制备到成型

这部分的工艺研究，分为两个部分：①制备工艺研究，主要包括前处理（炮制）的研究，提取工艺参数的考察研究，分离、纯化、浓缩、干燥的研究；②成型工艺研究，主要包括配制、混合、制粒、成型等制剂技术和制剂辅料赋形剂的研究。这些研究保证了产品在有效期内品质稳定，成分合格，符合质量标准的要求。

（1）制备工艺研究

制备工艺研究分为三个方面，如图7-7所示。

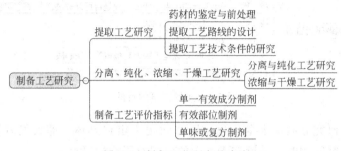

图7-7　制备工艺研究的内容

① 提取工艺研究　我国保健食品配料主要以中草药为主，中药提取物是介于原料和制剂之间的一种形式，是对中药材的深加工，属于制剂产品的原料。按照中药提取物的性状，可分为植物油类、浸膏、颗粒、粉等。配方采用含中药提取物为原料的保健食品，制成剂型最多的是硬胶囊剂，其次为片剂、口服液、颗粒剂、软胶囊剂。对于固体制剂，因省去了中药提取、精制等过程，因此多数中药提取物与其他原料经过简单的前处理即可直接成型。

从药材到成品就需要保留更多的"综合有效成分"，通过物质基础体现功效。工艺研究的目的，就是使功效成分具有较高的浸出与分离。针对影响提取效果的多种因素，可从三方面进行提取工艺研究。

（a）药材的鉴定与前处理　中药原料受采收、种植等多个环节影响，中药材的鉴定与前处理是保障成品质量的基础，投料前原药材必须经过鉴定，符合有关规定与配方要求者方能使用。中药鉴定，主要的技术方法有中药来源植（动）物鉴定、药材性状鉴定、药材显微鉴定、药材理化鉴定、生物检定，简称为"五大鉴定法"。另外还有原植物形态鉴定、水试等方法，通过鉴定对中药的品种、纯度、质量进行评价。

此外，还应根据配方对药性的要求，药材质地、特性和不同提取方法的需要，对药材进行净制、切制、粉碎、炮制等等，称为前处理。它是中药质量保证的基础工序。

（b）提取工艺路线的设计　中药成分复杂、药效各异，多成分组成并非药性简单相加，因此对多组分配方一般应复方提取。在工艺设计前应根据配方的功效，通过文献资料的查阅，分析每味中药的有效成分与药理作用；结合所含有效成分及其理化性质；再根据提取原理与预试验结果，选择适宜的提取方法，设计合理的工艺路线。

（c）提取工艺技术条件的研究　在提取工艺路线初步确定后，应充分考虑可能影响提取效果的因素，进行科学、合理的试验设计，采用准确、简便、具代表性、可量化的综合性评价指标与方法，优选合理的提取工艺技术条件。

在有成熟的相同技术条件可借鉴时，也可通过提供相关文献资料，作为制订合理的工艺技术条件的依据。依据中药传统用药经验或根据药物中已确认的一些有效成分的存在状态、极性、溶解性等，设计科学、合理、稳定、可行的工艺，采用一系列分离纯化技术来完成。应在尽可能多地富集得到有效成分的前提下，除去无效成分。

不同的提取纯化方法均有其特点与使用范围，应根据与治疗作用相关的有效成分（或有效部位）的理化性质，或药效研究结果，通过试验对比，选择适宜工艺路线与方法。

② 分离、纯化、浓缩、干燥工艺研究

（a）分离与纯化工艺研究　分离与纯化工艺包括两个方面：

一是应根据粗提取物的性质，选择相应的分离方法与条件，以得到综合有效的提取物质。

二是将无效和有害组分除去，尽量保留有效成分，可采用各种净化、纯化、精制的方法，为保健食品提供合格的原料或半成品。

方法的选择应根据剂型、配方及与质量有关的提取成分的理化性质等方面的不同而异。应设计有针对性的试验，考察纯化精制方法各步骤的合理性及所测成分的保留率，提供纯化物含量指标及制订依据。

（b）浓缩与干燥工艺研究　浓缩与干燥应根据物料的性质及影响浓缩、干燥效果的因素，优选方法与条件，从而达到一定的相对密度或含水量，并以浓缩、干燥物的收率及指标成分含量，评价本工艺过程的合理性与可行性。

应注意在浓缩、干燥过程中可能受到的影响。由于浓缩与干燥的方法、设备、程度及具体工艺参数等因素，都直接影响着药液中有效成分的稳定，在工艺研究中宜结合制剂的要求对其进行研究和筛选。如含有受热不稳定的成分，可作热稳定性考察，并对采用的工艺方法进行选择，对工艺条件进行优化。

③ 制备工艺评价指标　在研究过程中，应根据具体品种的情况，结合工艺、设备等特点，选择相应的评价指标。对有效成分为挥发性、热敏性成分的药物，在浓缩、干燥时还应考察挥发性、热敏性成分的保留情况。

（a）单一有效成分制剂　目的物为单一化学成分，其评价指标的选择应围绕方法的可行性与稳定性及所得目的物的得率、纯度等进行。

（b）有效部位制剂　在选择提取、纯化方法及其评价指标时，也应围绕方法的可行性与稳定性及所得有效部位的得率、纯度等进行。建议关注提取物成分组成的基本稳定。

（c）单味或复方制剂　指非有效成分或有效部位的制剂，应考虑制剂的多成分作用的特点。有效成分明确的，应以有效成分为指标；有效成分不明确的，应慎重考虑选择评价指标。

（2）成型工艺研究

产品成型工艺是将半成品与辅料进行加工处理，制成剂型并形成最终产品的过程。

不同的剂型，其成型工艺迥然不同，就是同一剂型也可有不同的成型工艺路线。选择何种工艺路线为佳，一般要由制剂配方决定。制剂配方中半成品的物理性状、化学性质是选择成型工艺路线的依据；一般应根据物料特性，通过试验选用先进的成型工艺路线。而工艺路线又可改变配方中辅料的组成与用量。

在设计方法和选择指标时宜注意以下原则：

① 针对性原则　应根据拟制备的剂型和要求，针对具体物料，设计相应的方法和有说服力的指标。

② 可比性原则　影响成型工艺的因素通常不止一种，在用单因素筛选法考察某一因素影响程度时，其他因素所取水平应相对固定，若几个因素所取水平同时变化，其结果显然难以正确判断，无可比性可言。

③ 对照试验原则　遵循"有比较才有鉴别"的原理，在新制剂成型工艺中，更应采用对比研究的基本实验方法；"有制无研""研而不严谨"的成型工艺，难以做出合理性评价。

④ 平行操作原则　凡是外界影响因素较大，又需进行多因素对比试验者，一般应在同样实验条件、环境与时间下，同一人操作，避免带来主观误差，使结果科学、可信。

⑤ 重复试验原则　成型工艺必须具备可重复性，这样的工艺才具生产、实用价值。欲达此要求，在实验研究中就应贯彻重复实验原则。

三、资料整理

工艺设计资料一般应包括：产品配方、制法、工艺流程、工艺合理性研究、中试资料及参考文献等内容。生产工艺流程图应直观简明地列出工艺条件及主要技术参数。工艺合理性研究应包括剂型选择、提取、分离与纯化、浓缩与干燥及成型工艺等。

资料的整理必须以原始实验结果和数据为基础，要求数据准确、图表清晰、结论合理。

第四节 制定标准

保健食品的质量标准是产生、使用、检验的法规性依据，具有严密的科学性与良好的重复性。它不同于药品标准，也不同于普通食品标准。质量标准的制定不是为了迎合产品报批需要而建立几项定量指标，它是反映产品质量特征的依据之一。

一、采标来源

主要的采标来源：国家食品标准体系、食品药品行政管理部门发布的技术规范、药典，另外还有根据文献、国外标准等建立的检测方法，这些方法的适用性需要在注册研究检验中得到证实和评价。

二、标准的针对性

标准针对性的内容，可以简称为"两面""三性"，这是对针对性的内容进行不同角度的解读。

1. "两面"

"两面"是指保健食品作为具有功能声称的特殊食品，既要符合食品关于安全性、污染物限量的要求，又需增加一些与药品标准相似的内容，如功能、功效及标志性成分的检测等。

首先，保健食品是食品，最终落脚点也是食品。食品的基本要求是安全、卫生，还要具有色、香、味、形、体的特征，要满足人们对食品口感、观感和风味的需求，至少不能讨厌。

然后是保健食品的功能性要求，保健功效明显与否，与产品质量密切相关。

2. "三性"

"三性"是指标准的针对性具体体现为：一致性（质量）、安全性、功能性。

（1）质量的一致性（包括溯源）

质量性检验是针对产品本身的一致性，保证相关产品在原始和延后成品的相似程度，主要从外观、物理性指标、基本污染物、主要功效或者标志性成分等方面进行，因此，技术指标的选择应体现产品特点，同时保证质量可控的完整性。

（2）安全性

① 保健食品的潜在风险

首先是中药本身的毒性问题。国外有关含中药成分的功能性食品在使用中发生不良反应事件的报道并不少见。例如美国曾发生 4 例服用减肥食品消费者的死亡事件，FDA 认为与致泻成分有关，并公布了部分具有致泻作用的植物名单（番泻叶、芦荟、大黄根、蓖麻油及鼠李等）。

其次是剂量的问题。一定剂量下有功能的物质在超过一定的剂量时就有可能产生毒性。已有研究表明，长期、大量服用五味子、泽泻会对实验动物肾脏、肝脏产生一定的损伤。目前多数产品配方参考《药典》中用药量确定各种原料用量，依据仍显不够充分。

再次是配伍可能产生有害作用。中药配合后会发生复杂变化，有可能会产生不利于人体健康的毒副作用。和西药一起服用也可能存在配伍隐患。

最后，中药类保健食品原材料的农药残留、重金属污染和霉菌污染，也是近年来暴露出的安全问题。

② 按照潜在风险引入的原则进行针对性检验。重点考虑的是风险引入源。例如，胶囊剂的有机污染物检测就会针对内容物进行选择性取样测定，而对于重金属检测，则会全样检测，包含囊壳。针对剂型，相关检测内容也会采取一定的选择，如崩解时限会针对胶囊剂和部分片剂进行；水分测定会针对片剂、颗粒剂等剂型进行等。

（3）功能性

保健食品功能占先，功能表达源自于保健食品中的功效成分，功效成分的种类和含量直接决定保健食品的功能。

这是一些与药品标准相似的内容，如功能、功效及标志性成分的检测，在某些功效成分或标志性成分的最大含量上，也要参考食品营养强化剂、膳食指南以及药典的最大摄入水平。

明确功效成分是保健食品功能的前提。对于中药保健食品来说，从中药的单一功效成分或每味药的化学标记物入手，在研究中逐步揭示原料中的活性成分，结合中药化学研究，明确的功能成分和具体的健康促进作用是中药保健食品业发展的主流。

三、标准的编写

目前，国产保健食品质量标准为企业标准，它是保健食品生产企业按照国家法规，在研发保健食品过程中收集有关情报资料，整理分析，确定各项参数，并进行一定的试验验证，在综合研究的基础上编写的。

1. 编写依据

保健食品产品标准编写依据，主要有：GB/T 1.1—2009《标准化工作导则 第1部分：标准的结构和编写》、GB 16740—2014《食品安全国家标准 保健食品》《保健食品产品技术要求规范》《保健食品注册申报资料项目要求补充规定》等。

2. 编写内容

标准内容通常由4部分组成：

一是概述要素。内容有封面、目次、前言。

二是规范性一般要素。内容有产品名称、范围、规范性引用文件。

三是规范性技术要素。内容有技术要求、试验方法、检验规则、标志、标签、包装、运输、贮藏、规范性附录。

四是质量标准编写说明。

其核心部分为规范性技术要素中的技术要求及试验方法和检验规则。

技术要求的项目集中于原料、辅料、感官、功效成分或标志性成分、理化指标、微生物指标、净含量及允许负偏差等。

功效成分或标志性成分的选择及指标值的确定依据，通常为产品研制生产中原料的投入量、加工过程中功效成分或标志性成分的损耗、多次功效成分或标志性成分的检测结果、该功效成分或标志性成分检测方法的变异度以及相关的安全性评价资料等。

理化指标项目通常为水分、灰分、重金属、农药残留、霉菌或其他天然毒素等，其指标值的确定主要依据 GB 16740—2014《食品安全国家标准　保健食品》；除上述一般要求外，理化指标还应根据产品的剂型、原料及工艺的不同，制定相应的项目，如崩解时限、溶散时限、pH 值、可溶性固形物以及相关的食品添加剂等。

微生物指标以食品要求为准，通常为菌落总数、大肠菌群、霉菌、酵母和致病菌等项目。

试验方法包括感官要求、功效成分或标志性成分、理化指标、微生物指标、净含量及允许偏差等项目的检测，通常引用已有的食品、药品国家标准，国家有关部门正式公布以及国内外正式发表的测定方法，企业制定的附录标准等。

第五节　设 计 评 价

保健食品的评价体系包括功能学评价、毒理学评价和卫生学评价。

申报保健食品的产品，必须完成安全性毒理学试验、功能学试验（营养素补充剂除外）、稳定性试验、卫生学检验、功效成分鉴定试验。根据产品的功能和原料特性，还有可能要求申报的产品进行激素、兴奋剂检测、菌株鉴定试验、原料品种鉴定等。

保健食品检验机构应严格按照颁布的《保健食品检验与评价技术规范》的规定进行功能学评价，不能作方法上的改进和测定指标的减少。申请人或保健食品检验机构认为颁布的《保健食品检验与评价技术规范》的方法需要改进或作修改的，可向国家食品药品监督管理局提出意见和建议，国家食品药品监督管理局也会收集有关的意见和建议，定期对《保健食品检验与评价技术规范》进行修订。

一、稳定性评价

按照"保健食品评审技术规程"评价。

目的：核定产品的保质期。

方法：用加速实验的方法，在温度 37~40℃，相对湿度（75％）条件下，于潮湿箱中放置产品 3 个月，每月检测一次，3 月后如指标稳定即相当于产品可保存 2 年。

指标：在稳定性试验中选取所有代表产品内在质量指标均应检测，应注意直接与产品接触的包装材料对产品稳定性的影响。指标一般为功效成分，全部理化指标。

样品：测试样品至少对 3 批样品进行观察

二、卫生学评价

按"保健食品通用卫生要求"。

目的：保健食品系口服食品，因此，卫生学指标必须合格。

指标：检测项目为菌群总数、大肠菌群、致病菌、霉菌、酵母。对液态食品与固态或半固态食品有不同要求。

样品：用三个不同批号（生产期相隔一个月）产品进行检测，在进行卫生学评价同时，应对产品按标准进行感官测定，即色泽、气味、组织形态；不得有异味、杂质或腐败变质现象。供儿童、孕产妇用保健食品不得检出有激素类物质。

三、安全性毒理学评价

对样品按照评价程序和检验方法进行以验证食用安全性为目的的动物试验，必要时可进行人体试食试验。目前规定了 17 个安全性毒理学试验。

可以免做毒理学试验的产品有：

① 以普通食品和（卫法监发〔2002〕51 号）规定的既是食品又是药品的物品为原料生产的保健食品，符合以下要求的可免做毒理学试验：

（a）以传统工艺生产且食用方式与传统食用方式相同；

（b）原料进行水提取的，如服用量为原料的常规用量，且有关资料未提示该水取物具不安全性，一般不要求进行毒性试验。如：以大豆蛋白、乳清蛋白为原料生产的保健食品。

② 营养素补充剂类保健食品，使用《营养素补充剂申报与审评规定（试行）》表 2 以内的物品，其生产原料、工艺和质量标准符合国家有关规定的，不要求进行毒理学安全性试验。

四、功能学评价

对保健食品进行功能学评价是功能食品科学研究的核心内容，主要针对保健食品所宣称的生理功效进行动物学甚至是人体试验。

人体试食试验必须在卫生学试验、动物毒理学安全性试验及兴奋剂检测（仅限缓解体力疲劳、促进生长发育、减肥功能）完成之后，确定试食产品是安全的并符合有关卫生标准要求的情况下再进行，原则上还应在动物功能学试验证明其有效的前提下进行。

人体功能学试验项目顺序问题其实是一个伦理学问题，其核心是保证受试对象的食用安全，不能在人体试食试验时对受试对象产生任何急性、亚急性及慢性危害。

第六节 产品评审

一、评审的操作

自 2003 年 10 月国家食品药品监督管理局（SFDA）接管保健食品审批工作以来，保健食品的审批工作由国家中药品种保护审评委员会保健食品审评中心受理。审评会由原来的三个月一次改为每月一次，一般在中下旬开始，每次评审会历时约 7 天。

省级药监局或进口申报单位递交申报资料，保健食品审评中心接到申报资料后，对其进行审核，在 5 个工作日内，对符合要求的予以受理并发给申报单位"受理通知书"；不符合要求的资料退回并提出修改要求。已受理的申报资料和产品样品将在评审会议上评审，评审委员会由各方面专家组成。申报产品必须有全体参加会议的委员 2/3 以上同意，方可认为评审通过。

评审结果有四种：①通过；②原则通过，但需补充一些资料；③补充资料后再审；④不通过。

保健食品批准证书有效期为 5 年；保健食品批准证书有效期届满需要延长有效期的，申请人应当在有效期届满三个月前申请再注册。

我国保健食品标志见图 7-8，为天蓝色，呈帽形，业界俗称"蓝帽子"，也称"小蓝帽"。

图 7-8 保健食品标志

二、评审内容

评审主要从以下几方面进行：

1. 配方的评审

评审保健食品最重要的是审配方，配方必须合理。所谓合理包括四个方面的内容：

一是配方的依据，是根据古人的经验、根据文献还是根据研究的结果，需要提出一个科学根据；

二是配方的原料，必须都是合法的原料；使用的辅料也必须是合法的食品辅料，药用辅料用于保健食品要经过评审；

三是评审特殊原料，比如一些进口原料，或者是属于国家保护的动植物，这些作为特殊原料是否允许使用，需要评审；

四是配方的剂量。

2. 生产工艺的评审

生产工艺要合理、科学。生产工艺的基本要求，就是把好的成分尽可能留下来，把不好的成分尽可能清除掉。

3. 质量控制评审

对保健食品的质量控制和对药品的质量控制基本上相似，要求都很严格。比如有效成分、有效组分、指标成分、重金属残留、农药残留、兴奋剂、激素、违禁药物都要检测。

4. 安全性评审

保健食品要绝对安全，这方面的评审非常严格，有任何一点可疑或不安全因素的产品都可能被否决。

5. 保健功能评审

保健功能提得是否合适，是否有根据。提倡一个保健食品只申报一个保健功能，最多不能超过两个，而且两个保健功能不能互相矛盾。此外，声称具备某种保健功能必须有科学根据，要做动物实验，有些还要做人体观察（相当于药物的临床研究），也要设对照图。

6. 标签和说明书评审

标签说明书评审会逐字逐句修改，确定后作为具有法律效力的文件，不准随便修改。因为这是指导人群使用的，不能有任何安全隐患。标签说明书不能夸大，不能对用法、用量、不适宜人群、可能出现的不良反应及注意事项等忽略或有意隐瞒。

评审内容之中，最重要的是配方和安全性，这两个不能有任何缺陷，有缺陷的产品立即否决，不给改正错误的机会。因为配方不合理，这个产品就彻底否决了，不可能通过补报材料获得通过。安全性有问题也是一次否决，不给改正的机会，因为已经证明不安全了，再怎么做实验、再怎么补材料也解决不了。

第七节　增强免疫功能产品的设计

一、基本概念

1. 免疫、免疫力

免疫是指机体免疫系统识别自身与异己物质，并通过免疫应答排除抗原性异物，以维持机体生理平衡的功能。

免疫力是人体自身的防御机制，是人体识别和消灭外来侵入的任何异物（病毒、细菌等）。现代免疫学认为，免疫力是人体识别和排除"异己"的生理反应。

2. 免疫系统

机体通过完善的免疫系统来执行免疫功能。免疫系统包括免疫器官、免疫细胞和免疫分子。

3. 免疫功能

免疫功能常常是人体健康与否的指标之一，其主要功能有以下三方面：

① 免疫防御　机体防止外界病原体的入侵，清除已入侵的病原体和其他有害物质的功能。免疫防御功能过低或缺乏，可发生免疫缺陷病。但若应答过强或持续时间过长，则在清除病原体的同时，也可导致机体的组织损伤或功能异常，发生超敏反应。

② 自身稳定　通过自身免疫耐受和免疫调节两种主要的机制，来达到免疫系统内环境稳定的功能。一般情况下，免疫系统对自身组织细胞不产生免疫应答，称为免疫耐受。这赋予了免疫系统区别"自身"和"非己"的能力。一旦免疫耐受被打破，免疫调节功能紊乱，就会导致自身免疫病和过敏性疾病的发生。

③ 免疫监视　随时发现和清除体内出现的"非己"成分的功能，如清除由基因突变而发生的肿瘤细胞以及衰老、凋亡细胞等。免疫监视功能低下，可能导致肿瘤发生和持续性病毒感染。

当然，人体免疫最基本的功能是识别或排除抗原性异物（外邪入侵）的功能，即辨别"自我"和"非我"的功能。

4. 疾病正邪概念

中医的阴阳学说及疾病正邪概念，同现代免疫学的理论相吻合。《素问·刺法论》说："正气存内，邪不可干。"《素问·评热病论》也说："邪之所凑，其气必虚。"认为维护人体健康的生理过程及生理因素为正气，致病因素是邪气。疾病的发展和转归取决于正邪的消长：正胜则邪负，病趋痊愈；反之，病趋恶化。发病的主要原因是体内自身矛盾平衡关系的破坏，即阴阳失调。

二、有效成分

随着现代免疫学及分子生物学的发展，人们开始着眼于探索中药免疫增强剂的有效部位或有效成分，并探讨其作用机理。中药的许多活性物质都具有免疫增强作用。种类繁多的中草药有效成分主要有多糖类、黄酮类、苷类、生物碱、挥发油、有机酸、氨基酸和多种常量与微量元素等。这些成分均以有机复合物形态存在，除单个成分所起的作用，还有各成分间的复合作用。

1. 多糖类

多糖是由单糖之间脱水形成糖苷键，并以糖苷键线型或分支连接而成的链状聚合物，是生物有机体内普遍存在的一种大分子。

多糖是许多中草药的主要免疫活性物质，调节机体的免疫功能是绝大多数多糖的主要药理作用之一，是多糖的共性，使得多糖成为免疫药理学研究的热点。尤其是近年来，中药多糖化学研究方面取得了较大的进展，使中药多糖免疫调节作用的机制和构效关系研究也取得了突出成绩。人们通过对大量多糖的研究，发现多糖具有增加巨噬细胞数量、提高其吞噬能力和细胞毒活性的功能。有人认为中草药多糖类成分可能是"扶正固本"、增强机体免疫功能的物质基础。

从中草药中分离提取的多糖甚多，如党参多糖、黄芪和红芪多糖、茯苓多糖、猪苓多糖、枸杞多糖、淫羊藿多糖、红花多糖、女贞子多糖、刺五加多糖及甘草多糖等。动物实验和临床实践证明，这些多糖均具有明显的免疫刺激作用。

2. 黄酮类

黄酮类化合物是一类低分子量的植物次级代谢产物，广泛存在于水果、蔬菜、坚果、种子、植物的根、茎、叶、壳及茶叶、葡萄、咖啡中，对维持食草动物和人的健康有很重要的作用。

黄酮类化合物的研究始于 20 世纪 30 年代，但真正引发国内外学者的广泛关注和研究开发，是在 20 世纪 70 年代末，研究主要集中于：抗氧化清除氧自由基、雌激素样作用、扩张心血管作用、降血脂、阻断动脉粥样硬化、调节免疫机能，且多以人或小鼠为主要研究对象。

近十几年来，黄酮类化合物对免疫功能的影响研究开始引起重视，一些黄酮类化合物对免疫反应涉及的 T、B 淋巴细胞、NK 细胞、肥大细胞、嗜碱性粒细胞、嗜中性粒细胞、嗜酸性粒细胞和血小板的调控作用已经被广泛证实。

3. 苷类

苷类旧称甙（dài）类，又称配糖体，是植物中羟基、羧基等基团与糖通过糖苷键缩合而成的一种植物成分，按其化学结构主要包括皂苷、黄酮苷及其他苷类。一般认为中药苷类成分多具有免疫抑制作用，同时具有抗炎和镇痛作用，可作为免疫抑制剂用于系统性红斑狼疮、类风湿性关节炎等多种自身免疫病的治疗。

但近年来研究结果表明，中药苷类成分的免疫药理作用仍然是对机体免疫功能的调节作用，尤其是皂苷。皂苷的水溶液振摇后可产生持久的肥皂样泡沫，因而得名。皂苷作为天然药物中的一类活性成分，具有多种药理活性，如降血糖、抗高血脂、抗动脉硬化、抗肿瘤、抗炎、抗氧化、抗衰老、抗疲劳及对脑皮层神经元损伤具有保护作用等。在免疫方面，皂苷在一定的范围内能增强机体特异性和非特异性免疫功能，主要是促进或抑制某些细胞因子的分泌，活化或抑制免疫细胞，从而发挥抗炎和抗肿瘤的作用。

在苷类化合物中，研究最多的是人参皂苷和黄芪皂苷。体内外实验证明，人参皂苷和黄芪皂苷均能加强网状内皮系统的吞噬功能，并能促进抗体生成，促进抗原抗体反应和淋巴细胞转化。此外，芍药总苷、淫羊藿苷及甘草苷等，对吞噬细胞的吞噬功能、淋巴细胞转化、抗体和干扰素的产生等均有促进作用。

4. 生物碱

生物碱广泛分布于植物体内，自然界已分离 1000 多种生物碱，它是一类来源于中药的含氮有机物，多数生物碱含杂环结构，具有特殊的生物活性，广泛用于防治疾病和调节免疫方面。例如，苦参碱、氧化苦参碱等，都对免疫调节有一定影响，其药理作用表现为改善微循环、调节机体免疫功能、增强吞噬细胞功能等。

5. 挥发油

中草药中的挥发性成分称为挥发油，是一类可蒸馏的与水不相溶的油状液体。一般有香味的中草药都含有挥发油，如薄荷、大蒜、丁香、木香、麝香、当归、桂皮等。这类物质化学成分比较复杂，主要是硫化物、萜类及芳香族化合物。一般认为，含有挥发油成分的中药都具有免疫促进或免疫调节作用。例如，大蒜素能促进淋巴细胞、巨噬细胞的增生，刺激淋巴细胞分泌干扰素、肿瘤坏死因子、白细胞介素等，提高机体免疫力；桂皮中挥发成分有升高血液中白细胞数作用；鱼腥草素有增强网状内皮系统功能和增强白细胞吞噬功能作用，以及增强血清中备解素浓度的作用。

6. 有机酸

中药含有许多与免疫相关的有机酸（不包括氨基酸），以游离形式存在的不多，多数以与钾、钠、钙等金属离子或生物碱结合成盐的形式存在，对机体的免疫功能具有一定促进及调节作用。如甘草中的甘草酸（又称甘草甜素，是甘草甜味的主要成分），女贞子中的齐墩果酸、桂皮酸，川芎及当归中的阿魏酸，景天三七中的羟基桂皮酸、斑蝥酸，山茱萸中的熊果酸等。

三、中医免疫

中医免疫可分为两类方法：扶正祛邪和正反路径。它们是解读中医免疫的两个角度，是彼此交融、不可分割的，见图 7-9。

1. 扶正祛邪

中医学认为，人之所以生病，总不外乎是机体阴和阳两方面对立统一的失调。

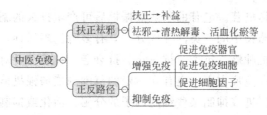

图 7-9   中医免疫的内容

阴阳失调的原因有二：一是机体本身的功能紊乱，二是外界致病因素对机体的影响。《素问·评热病论》说："邪之所凑，其气必虚。"中医学重视内因，即机体本身的抗病能力，《素问遗篇·刺法论》说："正气存内，邪不可干。"只有在正气虚弱，抵抗力不足时，病邪才有可能乘虚而入，导致疾病。

所谓"正气"，即机体本身功能活动及其对外界致病因素的防御作用；所谓"邪气"，指通过机体而导致疾病发生和变化的因素。

因而疾病的发生和发展，就是正气和邪气斗争的过程，就是正气不能抵抗邪气的结果。只要机体的脏腑功能正常，气血和调，精力充沛，也就是正气强盛，邪气便无从侵入，疾病也就无从发生。体内的正气，既能决定疾病的发生，也关系着疾病的发展、预后转归。正气充盛，疾病就易于趋向好转或痊愈；反之，正衰邪盛，病情便将恶化，甚至死亡。

因此，"邪之所凑，其气必虚""虚则补之"，补以正气，战胜邪气。即：扶正、祛邪。

通过扶正祛邪，一方面提高免疫功能低下或免疫缺损时的活力，促进免疫功能恢复；另一方面降低免疫功能亢进时的不平衡的免疫状态，使其恢复正常。

（1）扶正→补益

"正"是指正气，包括气、血、精、津液及脏腑经络功能等，具体体现在正常的生理功能对外界环境的适应力、抗病能力、康复能力等，也是机体识别和排除抗原异物，维持身体生理平衡和稳定的功能。

扶正即补益正气，针对虚证而言，即"虚则补之"。通过补益正气，提高机体的抗病能力，调节免疫，驱邪外出，即"正盛邪自祛"。

扶正类中药多为补益药，一般具有免疫增强或免疫调节作用。补益类中药中又很明确地分为补气、补血、补阴、补阳四大类，并各有代表药，见表7-2。

表 7-2   增强免疫的中草药及其作用

分类	中草药	作用	
		细胞免疫	体液免疫
补气类	补肺卫元气：黄芪、灵芝、人参等。健脾益气：党参、白术、灵芝、茯苓等，薏苡仁、大枣、豆类等	提高 T 细胞比值、淋巴细胞转化率、吞噬细胞功能，升高白细胞数	提高 IgG、IgA 含量

分类	中草药	作用	
		细胞免疫	体液免疫
补血类	当归、鸡血藤、阿胶、熟地、白勺、桑葚等	提高 T 细胞和淋巴细胞转化率,升高白细胞数	延长抗体存在时间
补阳类	补肾阳:淫羊藿、菟丝子、肉苁蓉、锁阳、巴戟天、补骨脂、仙茅、紫河车、肉桂、鹿角胶等	提高 T 细胞和淋巴细胞转化率,增强巨噬细胞功能,升高白细胞	提高 IgG、IgA,促进抗体形成、增快和提前
补阴类	滋肺胃之阴:天冬、麦冬、玄参、石斛、沙参、银耳等。 养肾阴:枸杞子、山茱萸、女贞子、旱莲草、黄精、桑寄生、天冬、首乌、银耳、虫草等	提高 T 细胞和淋巴细胞转化率,增强巨噬细胞功能,升高白细胞	延长抗体存在时间,提高 B 细胞功能

（2）祛邪→清热解毒、活血化瘀等

邪气泛指各种致病因素,简称为"邪"。包括存在于外界或由人体内产生的种种具有致病作用的因素。所谓祛邪,就包括了"祛散风邪,清热解毒,活血化淤,涤痰化浊,软坚散结"等具体治则,具有抑制免疫反应和调节免疫平衡的作用,从而提高机体的抗病能力,所谓"邪去则正安也"。

具有抑制免疫反应的中草药如下。

清热解毒药:黄芩、丹皮、茵陈、银花、黄柏、贯众、山豆根、大青叶、板蓝根、鱼腥草等。

活血化瘀药:桃仁、当归、川芎、赤芍、大黄、丹参、益母草、蚕砂等

补气药:甘草、大枣等。

理气药:木香、积实等。

目前研究较多的是清热解毒和活血化瘀类药物。许多清热药对机体的免疫功能有促进作用。如野菊花等能增强白细胞和网状内皮系统的吞噬功能;鱼腥草能使体内备解素的浓度增加,从而提高非特异性免疫力来抵御病源侵袭;蒲公英、大蒜等还能促进淋巴细胞转化率。丹皮等对变态反应有一定的抑制作用。

2. 正反路径

所谓正反路径是指:

正的路径——增强免疫,提高免疫功能低下或免疫缺损时的活力,促进免疫功能恢复;

反的路径——抑制免疫,降低免疫功能亢进时的不平衡的免疫状态,使其恢复正常。

（1）增强免疫

免疫通常是免除疫病（传染病）及抵抗多种疾病的发生。免疫由机体内的免疫系统执行。免疫系统是由免疫器官、免疫细胞和免疫分子组成。机体免疫力的高低直接影响其抗病力和生产力。增强免疫是指增强机体免疫功能的各个环节。

① 促进免疫器官发育　免疫器官是指实现免疫功能的器官和组织，根据它们的作用，可分为中枢免疫器官和周围免疫器官。

中枢免疫器官包括胸腺、骨髓、腔上囊和类囊组织。由于它们在免疫应答中的首要作用，也称为一级免疫器官。哺乳动物和人的骨髓与胸腺和禽类的腔上囊（法氏囊）属于中枢免疫器官。胸腺是 T 细胞发育分化的器官，全身淋巴结和脾是外周免疫器官，它们是成熟 T 和 B 细胞定居的部位，也是免疫应答发生的场所。骨髓是干细胞和 B 细胞发育分化的场所，腔上囊是禽类 B 细胞发育分化的器官。

周围免疫器官包括脾、淋巴结、黏膜相关的淋巴组织，又称为二级免疫器官。这些器官的发育较迟，其中淋巴细胞最初是由中枢免疫器官迁移来的，靠抗原的刺激而增值，是接受抗原刺激发挥免疫作用的主要场所。

此外，黏膜免疫系统和皮肤免疫系统是重要的局部免疫组织。

免疫器官是执行免疫功能的组织机构，也是机体产生免疫反应的主要场所，免疫器官的重量与免疫功能密切相关。中草药中有多种物质均可以对免疫器官起到增强发育的作用，研究较多的是胸腺、脾脏和腔上囊。有研究表明，党参、黄芪等能促进免疫器官的发育，提高免疫活性，解除氢化可的松引起的免疫抑制；香菇多糖能促进胸腺发育，对腔上囊发育的促进作用略低于胸腺。肉苁蓉、山蚁精、白何首乌、毛花猕猴桃对小鼠脾脏及胸腺的重量都有一定的提升作用。绞股蓝、猪苓多糖、紫菜多糖及人参培养细胞多糖能明显增加小鼠脾重，对胸腺未见显著影响。

② 对免疫细胞的促进作用　免疫细胞是泛指所有参与免疫应答或与免疫应答有关的细胞及其前身，包括造血干细胞、淋巴细胞、单核-巨噬细胞及其他抗原细胞、粒细胞、红细胞、肥大细胞等。在免疫细胞中，执行固有免疫功能的细胞有吞噬细胞、NK 细胞（自然杀伤细胞）等；执行适应性免疫功能的是 T 及 B 淋巴细胞，各种免疫细胞均源于多能造血干细胞（HSC）。

现代研究表明，许多中药对细胞免疫具有影响。经研究证明，很多中草药具有不同程度的促进正常机体或免疫抑制机体的单核巨噬细胞的吞噬能力，进而提高机体的免疫力。如党参、人参、黄芪、灵芝、冬虫夏草、银耳、当归、白术、大蒜能促进单核巨噬细胞系统的吞噬功能。人参、党参能显著提高小鼠腹腔巨噬细胞的吞噬指数。

中草药可以有效促进淋巴细胞向免疫母细胞的分化，进而更好地发挥其免疫效应。例如，党参、灵芝、云芝、枸杞子能够促进外周血淋巴细胞的转化；白术、熟地、何首乌可以有效促进淋巴含量的增加，并提高外周血 T 细胞的比值。

③ 对免疫分子的促进作用　免疫分子的种类很多，其中有些具有结构和进化上的同源性，主要有以下几类：膜表面抗原受体、主要组织相容性复合物抗原、白细胞分化抗原、黏附分子、抗体、补体、细胞因子、抗原等。细胞因子是免疫活性细胞（淋巴细胞、单核巨噬细胞）和相关细胞产生的具有调节机体免疫功能的一类蛋白性物质。

近年来的研究发现，许多中草药具有促进细胞因子产生的作用。如党参、白术、猪苓、茯苓、甘草等有诱生 γ-干扰素的作用；黄芪、人参等有提高 IgM、促进抗体产生、激发 B 细胞、诱生 β-干扰素的作用；黄芪、黄连、金银花、蒲公英等具有激活 T 淋巴细胞、促进单核细胞吞噬功能、诱生 γ-干扰素的作用。

（2）抑制免疫

所谓"邪盛则实"，是由于病因的刺激太强，机体某些方面反应力呈现亢进的状态。炎症、超敏反应、自身免疫病等疾病过程的发生，其机制应属于"邪盛"而致的机体免疫功能"太过"，即"实"的范畴。代表性的有：

① 炎性反应，是机体对病原体防御反应的一种表现，是机体在各种有害因子作用下诱导的一种以防御和保护为主的综合性病理过程。如发热，红肿等。长期反复的或者不受调控的炎性反应会导致机体组织细胞和器官的严重损伤。

② 超敏反应，又称变态反应，是异常的、过高的免疫应答。

③ 自身免疫性疾病，是免疫系统对自身组织失去耐受性，及免疫系统对自身成分发生免疫应答而造成的一类疾病。

祛邪类中药通过发挥免疫抑制功能，可治疗这些疾病。从分子角度而，起到免疫抑制作用的中草药成分主要为各种苷类。而对于实中有虚、虚实夹杂或久病体虚者，也可使用温阳滋阴的补益类药。

例如，甘草提取物甘草酸铵对超敏反应中的免疫亢进，如 IgE、IgA、IgM 等抗体的生成、免疫复合物的产生及活化淋巴细胞细胞因子的分泌等均有调节作用。青蒿可以有效降低小鼠血清中的 IgG 含量，夏枯草能够缩小增大的肾上腺、胸腺等，乌头碱也能够将脾脏的重量降至正常。

四、营养免疫

营养免疫是指通过适当补充均衡的营养来提升免疫系统的功能，滋养免疫系统功能，进而运用自身的力量去抵抗无止境的病毒侵袭。其内容如图 7-10 所示。

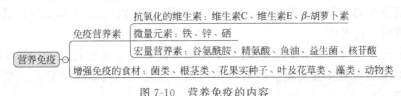

图 7-10　营养免疫的内容

1. 免疫营养素

这是指使用特定的营养元素以调节免疫系统，从而改善损伤或疾病状态。目前常用的免疫营养素主要包括抗氧化的维生素及微量元素、宏量营养素（谷氨酰胺、精氨酸、鱼油、γ-亚油酸及核苷酸）。

（1）抗氧化的维生素

主要是维生素 C、维生素 E、β-胡萝卜素，称为抗氧化三要素。

维生素E：是体内的抗氧化剂，同时又是一种有效的免疫调节剂。维生素E可以提高机体免疫功能，提高对感染的抵抗力。补充维生素E能够维持老年机体的免疫应激状态。维生素E食物来源主要是植物油、植物种子的胚芽、坚果、豆类和谷类。

维生素C：是一种具有抗氧化作用的维生素，是人体免疫系统所必需的维生素，可以从多方面增强机体对抗感染的能力，缺乏会使免疫系统功能降低。维生素C是胶原合成必不可少的辅助物质，可以提高机体组织对外来病原菌的阻挡作用。维生素C也可以促进淋巴母细胞的生成和免疫因子的产生。维生素C能促进干扰素的产生，抑制新病毒的合成，有抗病毒作用。新鲜的蔬菜、水果是维生素C丰富的食物来源。如鲜枣、青椒、猕猴桃、菠菜、山楂、柑橘、柚子、草莓等。

β-胡萝卜素：是类胡萝卜素之一，也是橘黄色脂溶性化合物，它是自然界中最普遍存在也是最稳定的天然色素。β-胡萝卜素是一种抗氧化剂，具有解毒作用，是维护人体健康不可缺少的营养素，在抗癌、预防心血管疾病、白内障及抗氧化上有显著的功能，并进而防止老化和衰老引起的多种退化性疾病。许多天然食物中都存有丰富的β-胡萝卜素，例如绿色蔬菜、甘薯、胡萝卜、菠菜、木瓜、芒果等。

（2）微量元素

铁：缺乏时容易引起贫血，降低抗感染能力。铁缺乏是常见的营养病，在婴幼儿、孕妇及乳母更易发生。铁主要的食物来源有：动物血、肝脏、大豆、黑木耳、芝麻酱等。

锌：是机体必需的微量元素之一，是人体内100余种酶的组成成分，具有多种生理功能，尤其对免疫系统的发育和正常免疫功能的维持有着不可忽视的作用。适量摄入锌可增强儿童、老年人及一些特殊病人的免疫功能，对胃肠道、呼吸道感染性疾病及寄生虫病的预防和治疗有重要作用。

硒：是一种人体必需微量元素，具有强的抗氧化作用，硒几乎存在于所有免疫细胞中，补硒可明显提高机体免疫力。近年来的研究发现，低于最适量的硒摄入可损害免疫系统的发育和功能，使抗感染能力下降。动物性食物如肝、肾以及海产品是硒的良好食物来源。

已有研究表明，维生素E和硒对免疫系统的作用是彼此独立的，但同时给予维生素E和硒可对加强免疫反应起协同作用，反之，同时缺乏可导致免疫反应的明显下降。

（3）宏量营养素

谷氨酰胺（Gln）：是体内含量最多的游离氨基酸，因其可由机体合成，所以为非必需氨基酸。当机体处于长时间的严重应激情况下，其合成不能满足机体所需，成为"条件必需氨基酸"。它能维持氮平衡，特别是生长迅速细胞（如肠上皮细胞）的主要营养物质，被称为特殊性营养素（Specific Nutrient），对肠黏膜屏障功能直接有关。它是合成氨基酸、蛋白质、核酸及多种生物分子的前体物质，为淋巴细胞、中性粒细胞及肠黏膜细胞的活动提供能量，同时也提高了淋巴细胞、中性粒细胞和肠道的功能，维持正常肠黏膜相关淋巴组织的功能及呼吸道免疫功能。

精氨酸（Arg）：具有多种生理及药理作用，是鸟氨酸循环的组成部分，是蛋白质、多胺、肌酸及NO生物合成的前体物质，正常情况下机体可自身合成，但饥饿、创伤及应激等状态下需求增加，自身合成不足以满足需求，需要外源补足，故又称为"条件必需氨基酸"。Arg可促进胰岛素、生长激素（GH）、胰高血糖素、肾上腺素的分泌，参与物质代谢及免疫功能的调节。动物实验中发现，精氨酸可致胸腺增大、增重、淋巴细胞数量增多，促进有丝分裂原的产生，提高淋巴T细胞对有丝分裂原的反应性，刺激T细胞的增殖，增强机体巨噬细胞及自然杀伤细胞溶解靶细胞的作用。

鱼油：是鱼体内的全部油脂类物质的总称，鱼油富含ω-多不饱和脂肪酸，而ω-多不饱和脂肪酸是重要的营养组成成分，对免疫细胞的增殖、T细胞和自然杀伤细胞的活化、细胞因子的产生及免疫应答具有不同的调节作用。

益生菌：源自传统的发酵食品，是一类通过改善肠内菌群平衡，对宿主起到有益作用的活性微生物。在过去的几十年中，人们对益生菌的免疫调节作用进行了研究。益生菌通过影响肠道共生菌群的组成和功能多样化的机制，改变宿主的上皮和免疫应答反应。益生菌可减轻肠功能紊乱，降低致突变性，促进免疫调节功能。

核苷酸：是一类生物小分子，参与了生物体几乎所有生化反应过程，其中对维持机体免疫功能，促进免疫细胞的增殖和细胞因子的分泌具有重要作用。由于免疫细胞更新迅速，内源性从头合成的核苷酸无法满足需求，因此需要补充外源性核苷酸，其中膳食核苷酸与机体免疫功能有密切联系。

2. 增强免疫的食材

在中国的传统文化中，药物与食物的关系是十分复杂又高度统一的，其主要源自古代的"医食同源"及后来的"药食同源"理论。增强免疫的食材大多是药食同源食材，主要有以下几类。

菌类：食用菌的种类很多，增强免疫作用的食用菌有：香菇、木耳、银耳、金针菇、蘑菇、云芝、茯苓、猴头菇等。这些食用菌中含有真菌多糖，如香菇多糖、银耳多糖、金针菇多糖、云芝多糖、茯苓多糖等，能活化巨噬细胞，刺激抗体产生而提高人体免疫功能，具有很强的抗病活性。

根茎类：有薄荷、大蒜、生姜、甘草、葛根、马齿苋、魔芋、人参、山药、百合、萝卜、胡萝卜、芥菜头、莴苣、菜苔、蒜苗、菱白、洋葱等，都有一定促进免疫的作用。特别是洋葱和大蒜能增强T细胞的免疫活性。洋葱和大蒜中免疫活性物质，在人体内可充当清洁剂和杀毒剂的角色，起到杀灭、清除毒物和病菌的作用。但洋葱、大蒜中所含的具有增强免疫功能的有效成分"大蒜素"等，在加热过程中会失去功效，因此最好生食或半生食。

花果实种子：八角茴香、大豆、枸杞、红花、金银花、决明子、罗汉果、葡萄籽、石榴、沙棘等，含有丰富的维生素以及铁、锌、硒等微量元素，有助于维持人体健康，提高免疫能力。

叶及花草类：茶叶、芦荟、鱼腥草、蒲公英、菊花、玫瑰花、甘蓝、韭菜等。

藻类：海带、麒麟菜、螺旋藻、微藻等。

动物类：蜂及蜂产品、蚂蚁、蛇、牡蛎、鳖、乌龟、鲍鱼、海龟等。

以上这些食物与药物有着千丝万缕的联系，不但食物与药物的作用有时难以区分，甚至对其归属，医家也各有所论。

五、组方规律

下面以我国具有"增强免疫力"的进口保健食品为例来进行组方分析。

截至 2016 年 12 月 31 日，我国获批的进口保健食品共有 752 个，"增强免疫力"的产品为 188 个，占总数的 25%，主要进口国家或地区为北美 41 个，亚太 57 个（见表 7-3）。

表 7-3 具有增强免疫力的进口保健食品分析表

序号	进口国家或地区	产品数量/个	所占比例/%	主要原料
1	美国	38	20.20	牛初乳、蛋白质、西洋参、紫锥菊、黄芪、蜂胶、鱼油、酵母、葡萄籽、螺旋藻、灰树花、虾青素等
2	中国香港	18	9.57	西洋参、灵芝、冬虫夏草
3	韩国	16	8.51	高丽参(红参)
4	日本	15	7.98	蜂胶、海藻、甲壳素
5	中国台湾	8	4.26	人参、益生菌、酵素
6	澳大利亚	8	4.26	蜂胶、鱼油
7	新西兰	5	2.66	牛初乳、蜂胶
8	德国	3	1.60	辅酶 Q10、蛋白质
9	加拿大	3	1.60	西洋参
10	其他	74	39.36	
	合计	188	100	

六、功能评价

1. 试验项目

（1）动物试验

① 脏器/体重比值：胸腺/体重比值、脾脏/体重比值。

② 细胞免疫功能测定：小鼠脾淋巴细胞转化试验、迟发型变态反应。

③ 体液免疫功能测定：抗体生成细胞检测，血清溶血素测定。

④ 单核-巨噬细胞功能测定：小鼠碳廓清试验、小鼠腹腔巨噬细胞吞噬鸡红细

胞试验。

⑤ NK 细胞活性测定。

（2）人体试食试验

① 细胞免疫功能测定：外周血淋巴细胞转化试验。

② 体液免疫功能试验：单向免疫扩散法测定 IgG、IgA、IgM。

③ 单核-巨噬细胞功能测定：吞噬与杀菌试验。

④ NK 细胞活性测定。

2. 试验原则

要求选择一组能够全面反映免疫系统各方面功能的试验，其中细胞免疫、体液免疫和单核-巨噬细胞功能三个方面至少各选择一种试验，在确保安全的前提下，进行人体试食试验。

3. 结果判定

在一组试验中，受试物对免疫系统某方面的试验具有增强作用，而对其他试验无抑制作用，可以判定该受试物具有该方面的免疫调节效应；对任何一项免疫试验具有抑制作用，可判定该受试物具有免疫抑制效应。

在细胞免疫功能、非特异性免疫方面，至少选择两个试验且结果均为阳性，可判定该受试物具有免疫调节作用。在体液免疫方面，至少选择两个试验且结果均为阳性，如选择抗体生成细胞试验可以只选一个试验，但要求少两个剂量组阳性。符合上述二者之一可判定为有效。

七、举例：免疫保健饮料

以免疫保健饮料（专利）为例，以能提高人体免疫功能的食材淮山为主要原料，或配以提高免疫力的原料核桃、黄栀子，或配以提高免疫力与抗氧化的原料茶多酚，再加蜂蜜等，加糖和水配制成一种能提高人体免疫功能、抗氧化的营养保健饮料。

1. 配方（5 个）

① 火龙果 20％～80％、杨桃 10％～30％、柠檬 10％～30％、猕猴桃 10％～50％、白糖 5％～20％、蜂蜜 2％～8％。

② 淮山 30％～50％、枸杞 10％～25％、红枣 10％～20％、蜂蜜 3％～10％、茶多酚 1％～5％、白砂糖 10％～20％、纯净水 30％～40％。

③ 淮山 40％～60％、茶多酚 3％～5％、蜂蜜 3％～5％、白砂糖 4-10％、纯净水 30％～40％。

④ 淮山 15～45 份、核桃 25～35 份、黄栀子 5～10 份、蜂蜜 7～8 份、白糖 10～20 份、软化水 1000 份。

⑤ 淮山 30～50 份、牛奶 10～20 份、蜂蜜 3～5 份、茶多酚 3～5 份、白砂糖 4～10 份、纯净水 30～40 份。

2. 工艺

① 制提取液　将淮山洗净，与核桃仁、黄栀子分别粉碎，并使得颗粒度在 2mm³ 以下，装入预先清洗杀菌的提取罐内，倒入纯净水，煮沸 30min 后，经 200 目筛过滤，再经过真空过滤器，制得提取母液。

② 制糖浆　将蜂蜜、白糖、牛奶、茶多酚、枸杞、红枣、茶多酚倒入适当软化水中煮沸 10min 后，加入活性炭，再经过滤器过滤，制得糖浆。

③ 调配　将提取液与糖浆加 90℃纯净水中搅拌至 pH 值到 4.2，得到原汁母液，再将原汁母液与纯净水按 3∶7 混合配制保健饮料。

④ 装罐和杀菌　将制得的保健饮料进行装罐和杀菌。

第八节　增强骨密度功能产品的设计

一、基本概念

1. 定义

（1）骨质疏松症（Osteoporosis，OP）

世界卫生组织在 1994 年提出了关于骨质疏松症的定义：骨质疏松症是一种以骨量降低，骨微结构破坏，导致骨脆性增加，易发生骨折为特征的全身性骨病。

美国国立卫生研究所在 2001 年提出的骨质疏松症的定义：骨质疏松症是以骨强度下降导致骨折风险性增加的一种骨骼系统疾病，骨强度主要由骨密度和骨质量体现。

在医学词典中对骨质疏松症的定义是：骨矿量（质）的减少。确切地说，骨质疏松是一种以全身骨量减少，骨组织显微结构破坏为特征，骨质量降低，骨骼强度下降，骨脆性增加及在无明显外力作用下也易导致骨折的全身性疾病。

（2）骨密度

骨密度（Bone Mineral Density，BMD）是一项敏感反映人体骨质量的指标，能直接体现人体长期的钙营养状况。

（3）两者的关系

骨质疏松症最严重的后果是骨折，而骨量的多少在一定程度上反映出骨的质量，所以骨量及骨密度的测定可作为早期预防干预以及治疗效果评估的指标。随着世界卫生组织（WHO）对于骨质疏松症的诊断标准的统一制定以及双能 X 线骨密度仪（DEXA）在临床上的使用，骨密度已经成为骨质疏松症研究的"金"指标。

部分研究表明：随着骨密度的慢慢降低，骨折危险性却是进行性增加，骨密度值每降低 1 个标准差，骨折的风险性就可增加 2～3 倍之高。

2. 骨质疏松症的表现

统计数据表明，有 50％的骨质疏松患者没有明显症状，很多老年人骨折就医才发现早已骨质疏松，其实，被忽略的腰酸腿疼等"年老体衰的正常"现象，都是骨质疏松的典型征兆。

骨质疏松症的病情发展通常经历"三部曲"：疼痛—畸形—骨折。如果等到骨折后才发现，就已经贻误了治疗的最好时机，容易再次骨折。

骨质疏松症主要表现为三个方面：

① 骨量减少，包括骨矿物质及其基质等比例的减少；

② 骨微结构退化，表现为骨小梁变细，变稀，乃至结构破坏和断裂；

③ 骨脆性增加、骨力学强度下降、骨折危险性增加，对载荷承受力下降而易于发生微细骨折或完全骨折，可悄然导致腰椎压迫性骨折，或在不大的外力作用下导致桡骨远端和股骨近端骨折。

3. 形势

目前我国的老龄人口已达 1.26 亿，约占全国总人口的 10％，预计到 2030 年，我国老龄人口将超过总人口的 20％，进入高度老龄化阶段。老年人患 OP 的比例高达 50％，60 岁以上老人 80％患有骨质疏松，其中以老年妇女发病率最高。由此导致 OP 患者的数量急剧增加，各个国家的患病率均较高，世界卫生组织（WHO）已将其列为三大老年病之一。随着老龄型社会的到来，骨质疏松和骨质疏松性骨折正严重地威胁着老年人的身体健康，许多人因此而长期遭受肉体上的痛苦，甚至是伤残的折磨。这已经成为世界性的严重问题。

二、中医疗法

骨质疏松属慢性病，中药治疗显效慢，疗程长，需要长期服药。因此研发具有中医特色的预防及改善骨质疏松的保健食品，首先要充分利用中医学传统理论，突出中医整体调节优势，同时应密切结合现代医学研究成果，走中西合璧道路。

中药治疗本病着重于整体调节，调动内因，促进成骨细胞生成，抑制破骨细胞产生，调节骨代谢平衡。

现代医学认为骨质疏松症是一种多因素多环节所导致的全身代谢性骨病，根据其临床症状和体征表现，传统中医学认为，应属"痹证""骨痹""骨痿""骨枯"范畴，其中与"骨疾"最为接近。发生骨质疏松症的主要原因是年老体弱、肾气不足、肾阳虚和肾阴虚、筋骨失养、经络不通、气血瘀阻，属本虚标实之疾。

也就是说，中医学理论对骨质疏松症的认识主要从肾、脾、肝、气、血瘀等方面体现，认为肾虚髓亏、脾胃虚弱、气血疲滞是骨质疏松的主要病理因素。

因此临床用药灵活多变，但不出补肾壮骨、健脾益气、活血通脉以及疏肝解郁的治疗大法。

1. 根据肾主骨理论，补肝肾，强筋骨

中医学认为，肾为先天之本，肾主藏精，主骨生髓，与生殖、内分泌、性腺系统密切相关，肾的生理作用与骨的旺、盛、平、衰有极大的相关性。骨痿其标在骨，其本在肾。骨骼依赖于骨髓的滋养，骨髓又为肾中精气所化生，肾中精气的盛衰决定着骨骼生长发育的强健与衰弱。肾精充足则骨髓化生有源，骨得髓养而坚固、强健有力；肾精亏虚则骨骼失养而软弱无力，出现骨髓空虚，骨骼脆弱而发生骨质疏松症，出现腰背酸痛、膝软等临床症状。有学者根据中医"肾藏精生髓主骨"的理论，论证了"肾精不足、髓减骨痿"是骨质疏松症的主要病机。因此，通过补肾生髓进而达到防治骨质疏松的目的。

可选用的中药材：淫羊藿、骨碎补、杜仲、补骨脂、菟丝子、熟地、山茱萸、枸杞子等。

研究表明，补肾中药能够调节下丘脑-垂体-性腺轴功能，并能直接作用于靶腺，促进雌激素的分泌。例如，淫羊藿总黄酮可以通过保护性腺、抑制骨吸收、促进骨形成等方式，使机体骨代谢处于骨形成大于骨吸收的积极状态，以防止骨质疏松的发生。骨碎补总黄酮可以提高去卵巢大鼠骨密度，提高血钙含量，促进骨形成，对防治骨质疏松具有明显的效果。杜仲叶提取物在促进成骨细胞增殖、调节成骨细胞代谢方面具有一定的作用。

2. 根据脾肾相关论，调脾胃，益气血

中医学认为，脾为后天之本，主运化水谷精微。脾气散精，上输于肺，下归于肾，脾肾相互促进，相互依存，常有脾肾同病之说。肾的精气有赖于水谷精微的充养，才能不断充盈和成熟，而脾、胃转化水谷精微又须借助肾阳的温煦。故有"非精血无以立形体之基，非水谷无以成形体之壮"的说法。脾虚可引起肾虚，肾虚又反使脾虚。脾阳依靠肾阳的温养，才能发挥运化作用。如果肾阳不足，不能温煦脾阳，则会出现脾阳虚的证候，日久则会导致肾阳虚、肾精虚亏，骨骼失养，出现骨骼脆弱无力，最终发生骨质疏松症。因此，调脾胃，益气血，促进营养吸收，提高成骨细胞活力也是防治骨质疏松的重要立法。

可选用人参、黄芪、升麻、白术、茯苓、山药、大枣、甘草等健脾益气之品。

如人参为大补元气，健脾益胃，补气生血，为补脾胃、益气血要药。研究表明，人参可以降低去卵巢大鼠的尿钙，增加骨钙，增加血碱性磷酸酶，表明人参可以促进骨合成、抑制骨吸收。黄芪健脾升阳，益气生血。研究表明，黄芪具有促进成骨细胞增殖、分化和成熟的作用。升麻升举脾胃清阳之气，增强消化功能，促进营养吸收，同时研究表明，升麻提取物有类植物激素样作用，能明显抑制去卵巢大鼠的骨吸收亢进。白术能健脾益气，促进消化。研究表明，白术具有调节骨髓造血功能，增强机体免疫力功能。甘草健脾和胃。研究表明，甘草酸能维持骨的正常代谢，促进骨钙和骨微量元素的平衡，防止骨质流失。

3. 根据血瘀论，畅气血，通血脉

血瘀是指血液循行迟缓，或郁滞流行不畅，气血受阻，形成血瘀，甚则血液瘀结停滞积为瘀血，使营养物质不能滋养各个脏腑，不仅使骨络失去了濡养作用，而且阻滞体内，日久不散，严重影响气血的正常运行，使脏腑功能障碍，以致骨组织新血化生缓慢，进而影响骨组织的正常功能活动，骨髓失养，最终导致骨质疏松症。血瘀作为致病因素，能够阻碍气机的通畅，进而阻塞骨络气血，导致经络气血运行不畅，不通则痛，故常出现疼痛、功能障碍。

血瘀甚至瘀血在骨质疏松性疼痛中占重要地位，采用化瘀法治疗骨质疏松，止痛效果显著，能有效改善骨质疏松患者的生活质量。中药可以标本兼治，通过对机体全面调节，使机体钙水平和激素平衡，既可抑制骨吸收，又可促进骨形成。

可选择当归、三七、丹参、红花等活血化瘀、通络行滞之品。

如当归有补血养虚、活血止痛的功效。研究表明，当归可促进骨髓和脾细胞造血功能，并有显著镇痛作用。三七活血化瘀，疗伤止痛，是改善骨质疏松疼痛的主要药物。研究表明，三七总苷可促进大鼠成骨细胞的增殖、分化，促进成骨细胞OPG的表达。丹参活血祛瘀，通络止痛。研究表明，丹参水提物可以有效预防糖皮质激素引起的大鼠骨质疏松，它的作用机制主要通过抑制骨吸收，促进成骨细胞功能，促进骨基质的合成。

4. 根据肝郁论，补胶原，补钙源

中医学认为，肝藏血主筋，肾藏精主骨，肝肾同下焦，精血可以互化，肝郁气滞，郁而化火，易灼伤肝阴而致肝阴不足，肝阴血亏虚，无以生精养骨，终致骨痿。《灵枢·天年》曰："五十岁气始衰，肝叶始薄，胆汁始灭，目始不明。"指出脏功能衰退多从肝开始，肝郁学说历来是研究的重点，结合文献研究及临证实际，肝郁与骨质疏松相互影响。骨质疏松患者存在着一个"因郁致痿"和"因痿致郁"的循环系统，二者均相互影响，互为因果，形成恶性循环，使骨质疏松病机变得更加复杂，使治疗变得更加棘手。

营养状态是影响骨代谢的主要因素，尤其是钙营养缺乏是导致骨质疏松的一个主要原因。从营养角度看，钙源充足，是预防骨质疏松的重要的措施。

多选用阿胶、鹿角胶、龟板胶、鳖甲胶等补精益血，补充胶原物质，以达到促进骨骼重建的目的。

研究表明，阿胶可促进软骨细胞、成骨细胞的增殖和合成活性，促进钙的吸收。以鹿角胶为主要成分的鹿角胶丸具有改善骨代谢，增加骨胶原的利用，减少钙排出，促进骨形成，抑制骨吸收，从而达到防治骨质疏松的作用。

三、营养疗法

营养疗法是防治骨质疏松症的基础，也是重要手段之一，其主要内容如图7-11所示。

我国已通过审批具有增加骨密度功能的保健食品中，单纯采用营养补充剂补钙的产品较多。多数是以与增加骨密度有关的功效成分和直接含钙成分同时作用，这样的产品起效快、作用明显、受消费者青睐。

近年来，随着食品工业的迅速发展和人们对于保健食品保健功能的更高要求，采用补钙与中医药防治骨质疏松整体功能调节有机结合研制的保健食品在骨质疏松的防治领域有着广阔的应用前景。

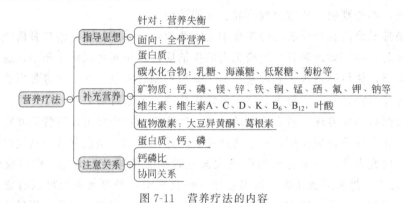

图 7-11　营养疗法的内容

1. 指导思想

营养因素是可控因素，通过合理饮食，加强营养，从营养失衡走向全骨营养。

（1）针对：营养失衡

导致骨质疏松的原因很多，饮食营养失衡是一个主要的方面。所谓饮食营养失衡，主要指在膳食中可能存在导致骨量减少的不良饮食习惯。如蛋白质、钙、钾、微量元素（锌、铜、锰）、维生素（C、D、K）补充不足，或者是蛋白质、磷、钠补充过多，或者存在一些不良的饮食嗜好，如长期过量饮酒、咖啡、浓茶，吸烟等。从而导致机体存在"潜在饥饿"状态，也就是说，人虽然没有饥饿感，但在微量元素方面，身体处于缺乏的"饥饿"状态。机体营养失衡，发生骨质疏松症。

（2）面向：全骨营养

全骨营养需要从骨骼的组成成分说起。人的骨骼是由骨细胞、骨矿物质和有机质构成的。骨细胞包括骨原细胞、成骨细胞和破骨细胞；有机质主要包括骨胶原蛋白，蛋白多糖和骨生长因子等，这些成分决定骨骼的弹性特征；骨矿物质（无机质）主要包括钙、磷、镁、钾、钠、锌、锰、铜等，这些矿物质元素决定骨骼的硬度及刚性特征，而钙其实只是骨骼中无机质的主要构成部分。骨胶原呈纤维状，具有很强的压缩性，每条骨胶原纤维之间和每个胶原分子之间有"洞"和"孔"，是钙磷结晶体的存留处。骨丢失时，有机基质与钙都丢失，如果只补充钙，而不补充有机基质，则势必造成有机基质丢失后，钙将无处栖身。因此全面的骨营养应该是除了钙之外，还要包括骨胶原蛋白、骨生长因子等和蛋白多糖、磷、镁、钾、钠、锌、锰、铜等营养元素，称之为全骨营养。

2. 补充营养

骨骼的生长发育和骨强度维持过程均需要充分的营养，其中包括宏量营养素（蛋白、脂肪和碳水化合物等）和微量营养素（各种维生素和钙等矿物质）。最关键的两个营养素是钙和维生素 D。其他营养素多是通过影响钙吸收、骨钙动员或钙排泄来实现的。

（1）蛋白质

蛋白质在人体组织的构建、修复和更替中是必需的，骨折愈合和免疫功能的维持也均需要蛋白质。适量的蛋白质有利于钙的吸收，摄入蛋白质量过高或过低均对骨健康有不利影响。人体内若长期缺乏蛋白质可造成血浆蛋白降低、骨基质蛋白合成不足、新骨形成减慢，进而可诱发骨质疏松症。蛋白质缺乏是老年人髋部骨折后死亡和生活不能自理的原因之一。但人体若摄入过多的蛋白质也可增加尿钙的排出，降低肠道对钙的吸收度，从而导致骨质疏松症。随着我国居民生活水平的日益提高以及饮食结构的改变，高蛋白膳食对骨骼健康的危害更值得关注。

（2）碳水化合物

碳水化合物中与钙相关的物质包括乳糖、海藻糖、低聚糖、菊粉和非淀粉多糖。乳糖可与钙形成可溶性低分子物质，有利于钙的吸收；非淀粉多糖中的糖醛酸残基可与钙螯合而干扰钙的吸收。

（3）矿物质

① 钙　钙是使骨组织矿化的主要元素，对骨骼和牙齿的正常生长和发育必不可少，也是人体含量较多的元素之一。在矿物质中，其含量列居首位，在可能影响骨量的营养素中，最受重视且研究最多的是钙，它是维系骨密度的基础营养，也是影响骨密度的一个重要膳食因素。

低钙摄入、低钙吸收或高钙排出都会导致体钙缺乏，进而导致骨量减少；在骨质疏松的膳食营养因素中，钙摄入是最重要的起枢纽作用的因素。因此，钙在预防和治疗骨质疏松症中的地位是非常重要而无法替代的，通过补钙可以增加骨密度，预防骨质疏松。

中国钙制剂中含钙量不等（碳酸钙、氯化钙、枸橼酸钙、乳酸钙和葡萄糖酸钙分别含元素钙 40%、27%、21%、13% 和 4%），各种钙源补钙的有效性不仅取决于含钙量，也取决于服用后的生物利用度。不同钙源与体液、食物成分、药物间的相互作用以及制剂工艺等都会影响其生物利用度和生物有效性。

② 磷　磷是构成骨骼的重要成分，具有调节骨细胞活性、促进骨基质合成与骨矿物质的沉积、抑制骨吸收的作用。磷与钙一起构成骨骼的主要成分——羟基磷灰石。因此，磷与钙是骨骼生长所必需的一对重要的矿物元素，二者相辅相成，相互影响，缺一不可。钙、磷的摄入比例对机体钙、磷吸收有很大影响。适宜的钙磷摄入比例，可促进钙磷吸收和在骨骼中的沉积；过量的磷摄入会在肠道中和钙结合形成难溶的磷酸盐，影响钙的吸收；同样，机体摄入过多的钙质也会影响磷的吸

收。钙磷中有一种吸收不足，都会影响到骨代谢。

中国营养学会制定的"中国居民膳食营养素参考摄入量"中，成人磷适宜摄入量（AI）为700mg/d。

③镁 镁是骨细胞结构和功能所必需的元素，对促进骨骼生长和维持骨骼的正常功能具有重要作用。镁与其他一些电解质、维生素D以及甲状腺素之间存在相互关联。血镁高低可直接或间接影响钙平衡与骨代谢。中国营养学会制定的"中国居民膳食营养素参考摄入量"中，成人镁适宜摄入量（AI）为350mg/d。

④锌 机体锌总量的30％分布于骨骼，在骨形成和代谢过程中，锌是不可缺少的微量元素。它可通过参与骨盐的形成、影响骨代谢的调节以及骨代谢过程中碱性磷酸酶、胶原酶和碳酸酐酶三种代谢酶类发挥作用。锌与骨质疏松的关系密切。

⑤铁 铁是人体内含量最多的微量元素，也是微量元素中最容易缺乏的一种。铁缺乏可导致缺铁性贫血，被WHO确定为世界性营养缺乏病之一。铁大量贮存于骨髓中，对骨的形成与硬化有协同效应。有研究显示，去卵巢骨质疏松症模型大鼠骨骼铁含量明显下降。但是近年来，铁负荷过度与骨质疏松的密切关系，受到越来越多的关注，机体缺铁或铁过载均会对健康造成危害。因此，服用铁强化食品时需注意铁元素摄入量；在增加骨密度的保健食品中，对铁元素的强化量也应格外慎重。

⑥铜和锰 铜与锰均与骨质疏松有较密切的关系。

铜是形成结缔组织所必需元素，对骨骼中有机物质的形成、骨骼的矿化起着重要的作用。成人体内如果缺乏铜，会影响骨胶原的合成与稳定性，使其强度减弱，骨骼的矿化作用不良，成骨细胞活动减少停滞。

骨骼是含锰最多的部位。骨细胞的分化，胶原蛋白及黏多糖的合成等都与锰有关。锰参与软骨和骨骼形成所需的糖蛋白的合成，在黏多糖（如硫酸软骨素）的合成中需要锰激活葡糖基转移酶，缺锰时会出现骨端软骨的骨化异常、生长发育障碍。有人认为缺锰是骨质疏松症的潜在致病因素。

⑦硒 硒是构成硒蛋白和若干抗氧化酶的必需成分，具有抗氧化、维持正常免疫功能等作用。缺硒会引起大骨节病等骨代谢疾病。有研究显示，硒能改善钙的代谢、增加机体对钙的吸收和骨钙的沉积、降低机体对铝的吸收、同时减少自由基的产生，表明硒对高铝引发老年骨质疏松有一定的保护作用。

⑧氟 氟是牙齿的重要成分，氟被牙釉质中的羟磷灰石吸附后，在牙齿表面形成一层抗酸性腐蚀的坚硬的氟磷灰石保护层，有防治龋齿的作用。氟还能与骨盐结晶表面的离子进行交换，形成氟磷灰石而成为骨盐的组成部分。骨盐中的氟多时，骨质坚硬，而且适量的氟有利于钙和磷的利用及在骨骼中的沉积，可加速骨骼生长，促进生长，并维护骨骼的健康。氟化物直接作用于成骨细胞，促进新骨形成，增加脊椎骨的骨矿密度，但对骨强度和骨折发生率的影响尚无定论。在将氟与钙剂、维生素D合用时可取得更优的预防骨质疏松症的作用。中国营养学会提出

的氟的推荐适宜摄入量（AI）成年人为 1.5mg/d。

⑨ 钾、钠 钠在肾脏内能增加尿钙的排泄，尿钠浓度（可反映钠的摄入量）和尿钙的排泄成正比。采取限钠饮食可减少骨吸收，使绝经后女性体内骨盐的含量增加，从而有利于骨质疏松症的防治。长期摄入低钙高盐的膳食，会造成骨的高溶解，导致骨密度较低。但若同时摄入充足的钙和钾，可以减少钠对骨健康构成的威胁。

钾对骨骼健康的影响主要是影响钙平衡，它能调节尿钙的存留和排泄。研究证实膳食中增加钾的摄入，可促进钙的吸收，缓解较高的骨溶解，使骨丢失量减少，达到骨密度增高的目的。而长期进食低钾膳食，会促使尿中的钠增加尿钙的排出，可能会影响骨密度达到峰值，并加快骨矿物含量的下降。我国北方地区饮食习惯口味偏咸，易于导致尿钙丢失增加。

（4）维生素

维生素 D、维生素 A、维生素 K 和维生素 C 等与骨质疏松的防治关系密切。

① 维生素 D 维生素 D 是一种脂溶性维生素，它是钙吸收的主要调节因素，主要生理功能是促进钙磷的吸收，又可将钙磷从骨中动员出来，使血浆钙、磷达到正常值，对神经肌肉功能的维持和骨骼的健康具有重要意义。足够的钙和充分的维生素 D 是防治骨质疏松的基础，是抗骨质疏松药物达到最佳效果的必要条件，两者联用可增强老年患者的肌力，有助于维持身体的平衡和防止因跌倒引起的骨折。人体内若缺乏维生素 D 会影响肠道内钙、磷的吸收、转运和骨盐的动员度，导致钙、磷代谢失常。

通过人体和动物实验表明，钙的吸收与膳食中的维生素 D 的含量有明显关系，成人每日口服 150 国际单位的维生素 D 时，钙的吸收就明显增高。

② 维生素 A 参与软骨内成骨，促进骨骼正常发育，维持成骨细胞与破骨细胞之间的平衡。摄入适量维生素 A 可为骨骼生长、发育和代谢过程提供所需的物质。维生素 A 缺乏可导致骨钙含量减少，黏多糖的生物合成受阻，骨的生成、吸收与重建功能失调，骨骼生长畸形。但近年来研究发现，持续维生素 A 摄入过量可引起维生素 A 过多症，会导致骨再吸收增加、减低骨形成，产生骨量丢失，可能也是引起骨质疏松的因素之一。

维生素 A 属于脂溶性维生素，体内清除速率较慢、半减期长，易在体内蓄积，短期大剂量或长期低剂量摄入可产生毒性，导致骨组织变性引起骨质吸收、变形。"中国居民膳食营养素参考摄入量"中：不同年龄段维生素 A 的推荐摄入量为 $500 \sim 800 \mu gRE/d$，ULs 为 $2000 \sim 3000 \mu gRE$。

③ 维生素 K 维生素 K 是骨钙素（BGP）中谷氨酸羧化的重要辅酶。BGP 是由成骨细胞合成并分泌于骨基质中的一种非胶原蛋白，约占骨有机质的 20%，具有调节磷酸钙掺入骨中、促进骨矿化作用。低维生素 K 摄入可导致谷氨酸蛋白羧化不全，引起骨组织代谢紊乱，增加骨质疏松的危险。

大量的流行病学研究及临床干预实验证实，维生素 K 不仅可以增加骨质疏松患者的骨密度，而且可以降低其骨折发生率，促进骨健康。而且有研究证明，维生素 K 与维生素 D 联合应用，促进骨形成和抑制骨吸收的作用优于单用维生素 K，可有效维持去卵巢大鼠的骨密度。

④ 维生素 C   维生素 C 作为一种重要的还原剂，在骨盐代谢及骨质生成中具有重要作用。维生素 C 既能促进钙盐沉积，又参与脯氨酸羟化反应、促进骨胶原蛋白合成。胶原蛋白结构及数量改变是与骨质疏松症的发生、发展、严重程度密切相关的。维生素 C 缺乏会引起胶原合成障碍，可致骨有机质形成不良而导致骨质疏松。

⑤ 维生素 B_6、维生素 B_{12}、叶酸   部分 B 族维生素（维生素 B_6、维生素 B_{12}、叶酸）的缺乏会导致蛋氨酸的代谢途径发生障碍，突出表现为高同型半胱氨酸血症。近年流行病学研究表明，血中同型半胱氨酸水平与骨质疏松和骨质疏松性骨折具有积极相关性，高同型半胱氨酸血症是骨质疏松及骨质疏松性骨折发生重要的危险因素。高同型半胱氨酸血症与高骨转换相关，可影响骨代谢，其机制主要是通过增加骨吸收、抑制骨形成及胶原蛋白的交联而减少骨密度，降低骨质量，增加骨质疏松骨折的危险性。

（5）植物激素

① 大豆异黄酮   是存在于大豆及制品中的一类植物雌激素。近年来，大量的细胞培养、组织培养以及动物实验表明，异黄酮能对骨代谢产生明显影响，促进骨形成，抑制骨吸收，有效地预防骨质疏松的发生。

② 葛根素   是最早分离得到的异黄酮类植物提取物，具有与雌激素相类似的化学结构，从而发挥雌激素样作用，对去卵巢大鼠具有明显的抗骨质疏松活性，并能够显著促进原代培养的大鼠成骨细胞增殖和分化。

3. 注意关系

① 蛋白质、钙、磷三者的关系   一些学者认为如果钙磷的摄入较低，蛋白质摄入也低，容易维持钙平衡，如果是蛋白质、钙、磷都高的膳食对钙的平衡也无不利影响，因此都认为这是最佳的膳食配方。另外据说膳食中的蛋白质可以增加小肠吸收钙的速度，这可能是由于在蛋白质消化过程中释放的氨基酸可与钙结合形成易吸收的钙盐。

② 膳食中钙磷的比值   在矿物质的相互关系中，以钙磷比值最为重要。营养学家认为，钙磷比值在 2∶1 和 1∶2 之间均为满意。钙磷比值低于 1∶2 时，钙从骨骼中溶解和脱出增加，严重时可导致骨质疏松症。对于骨质疏松症的患者，还应该限制高磷食物的摄入量，如牛羊肉及骨头汤等。

③ 协同关系   研究证实，钙与镁、锰、硫、硼、维生素 A、维生素 D、维生素 C、维生素 E 等营养素有协同关系。例如，维生素 D 是重要钙调节激素之一，镁促进钙的吸收利用，镁与钙必须平衡，补钙的同时也应补镁，防止低镁高钙；对

骨质疏松的防治，补钙同时补充适量的锰、铜、锌和镁等微量矿物质，可能比单纯补钙效果好，可进一步阻止骨质矿密度的损失，提高骨质疏松症防治的疗效。

四、组方规律

1. 中药治疗骨质疏松症的用药规律

杨帆等探索中药治疗骨质疏松症的用药规律，对1979～2002年的相关资料进行了收集，并对其中疗效确切的208首专家、名医的方剂，共1522味次，统计使用频次，并着重分析了其中出现频率较高的127味中药。根据骨质疏松症肾阳虚兼脾气虚弱的主要病理特点，结合标本虚实，对它们的使用、组配及性味归经进行了统计学分析，结果如下：

① 在治疗骨质疏松症时当以补益肝肾，养血生精，强筋壮骨为主，佐以活血祛瘀，通络止痛，祛风除湿为原则。涉及有补益药、活血祛瘀药、清热药、祛风湿药、理气药、利水渗湿药、消食药、平肝熄风药等十余类中药，其中补益药和活血祛瘀药的使用频率最高、所占比例最大，分别为69.71%和15.67%。在补益药中，又以淫羊藿、杜仲、黄芪、补骨脂等的使用频率最高，均在50/422次以上。在活血祛瘀药中，以熟地、当归、丹参等的使用频率较高。

② 治疗骨质疏松症中药的药性以温为主，辅以平性，药味以甘、辛为主，辅以苦、咸，药物归经以肝为主，辅以心、脾、肺。从使用频次最高的16味中药的功能主要为补肝益肾，强筋健骨，活血止痛。其中有关淫羊藿、熟地、黄芪、杜仲、补骨脂应用于治疗骨质疏松症方面均有大量的文献报道，通过临床实验和动物实验证明它们具有激素样作用，和抗菌、消炎、镇痛、舒张平滑肌、抑制血小板聚集、扩张血管、提高免疫功能等作用。

③ 治疗骨质疏松症以本虚为主，以标实为辅，标本兼顾。参与治疗骨质疏松症的1522味次中药中补阳药为首选，共45味，占40.04%，皆归肾经；补阴药18味占32.73%，共使用403味次，占补益药使用的38.24%。主归肾、肝两经，涉及脾脏；补气药10味，占18.18%，共使用189味次，占补益药使用味次的17.93%。归属脾经。补血药共6味，占补益药的1.09%，共使用了40次，占3.79%，在治疗上应考虑选本类药物佐以补血。

结论：在治疗骨质疏松症上应以补虚为主，化瘀为辅，主辅兼顾，并且提出了补肾益精、补肾益肝、补骨健脾和补肾活血等方法。中药首选补阳药，其次为补阴药，佐以补气药、补血药。

2. 增加骨密度保健食品设计规律

郑红星、祁珊珊为了解我国注册增加骨密度保健食品现状，利用国家食品药品监督管理总局网站数据库对其进行数据查询和统计分析。截止到2015年7月我国注册的增加骨密度保健食品共555个，统计分析结果如下：

① 功能成分种类及使用频率：功能成分主要包括钙（32.01%）、维生素D

（8.53%）、氨基葡萄糖（17.48%）、大豆异黄酮（9.12%）、硫酸软骨素（8.87%）、总皂苷（12.26%）等物质。

② 配方类型与配方组成情况：配方类型主要以普通食品＋药用辅料＋其他原料，普通食品＋中药材＋药用辅料＋其他原料的类型为主，占总配方的57.9%。

在产品配方中主要以4～9种原辅料组成的产品为主，占全部产品的71.17%。其中，配方组成为5种的产品数量最多，占全部产品的14.65%；其次由7种原辅料组成的产品占13.96%；由6种原辅料组成的产品占13.73%。

原料涉及普通食物原料、中药材、新资源食品、药用辅料和其他原料，中药材主要以淫羊藿、骨碎补、杜仲、珍珠、补骨脂和葛根为主，普通食物原料常以维生素D、碳酸钙、骨粉和酪蛋白磷酸肽为主，其他常用原料包括硫酸软骨素、氨基葡萄糖、大豆提取物（大豆异黄酮）、胶原蛋白。

五、功能评价

参照《保健食品检验与评价技术规范》（2003版）"增加骨密度功能检验方法"。

1. 试验项目

动物实验：分为方案一（补钙为主的受试物）和方案二（不含钙或不以补钙为主的受试物）两种。

① 体重。

② 骨钙含量。

③ 骨密度。

2. 试验原则

① 根据受试样品作用原理的不同，方案一和方案二任选其一进行动物实验。

② 所列指标均为必做项目。

③ 使用未批准用于食品的钙的化合物，除必做项目外，还必须进行钙吸收率的测定；使用属营养强化剂范围内的钙源及来自普通食品的钙源（如可食动物的骨、奶等），可以不进行钙的吸收率实验。

3. 结果判定

方案一：骨钙含量或骨密度显著高于低钙对照组且不低于相应剂量的碳酸钙对照组，钙的吸收率不低于碳酸钙对照组，可判定该受试样品具有增加骨密度功能的作用。

方案二：不含钙的产品，骨钙含量或骨密度较模型对照组明显增加，且差异有显著性，可判定该受试样品具有增加骨密度功能的作用。

不以补钙为主（可少量含钙）的产品，骨钙含量或骨密度较模型对照组明显增加，差异有显著性，且不低于相应剂量的碳酸钙对照组，钙的吸收率不低于碳酸钙对照组，可判定该受试样品具有增加骨密度功能的作用。

六、举例：健骨胶囊

以专利健骨胶囊为例。

1. 配方

碳酸钙 87.94%（其中钙含量为 35.2%）、大豆提取物 8.79%（其中大豆异黄酮含量为 3.5%）、乳酸亚铁 1.50%、乳酸锌 1.20%、维生素 E 粉 0.53%、维生素 D100 粉 0.04%。

2. 工艺

① 大豆提取物的制备　根据大豆提取物中大豆异黄酮的特性，利用水提取法或二氧化碳超龄界萃取法获得大豆提取物（大豆异黄酮），过 80 目筛密封、待用。

② 原料混合粉的制备　按照产品配方的比例，将各原料用等量稀释法充分混匀密封、待用。

③ 胶囊的填充及包装　将上述混合粉使用自动胶囊灌装机按 0.57g/粒填充胶囊，然后按照 60 粒/盒（或瓶）装瓶包装，检验合格、入库待用。

第八章
趣味化设计

Chapter 08

食品的趣味化设计就是通过感官、情感、心理等方面的刺激，调动人体感知系统，突破传统的表达方式，给人们带来截然不同的新奇感受，产生兴奋、满足和美的享受，激发顾客的购买欲。

- 设计原理：概念、产品类型分析、设计操作、设计心态
- 设计举例：成像印刷、裱花、3D 打印

趣味化设计是让食品与艺术发生碰撞，巧妙地融为一体，让食品充满生动的画面感和鲜活的生活气息。

在充斥着竞争和压力的信息时代，人们对于情感方面的需求日益凸显，在追求健康和品质生活的同时，对产品的情感诉求也随之产生；相应地，产品属性也逐渐朝着更加人性化、情感化的方向转变，有效地增加感官刺激，能使人们体验更加鲜明，更容易感知产品。

食品的趣味化设计就是通过感官、情感、心理等方面的刺激，调动人体感知系统，突破传统的表达方式，给人们带来截然不同的新奇感受，产生兴奋、满足和美的享受，激发顾客的购买欲。

例如，造型千变万化的情趣糖果，把各种水果味的糖果做成真正的水果样，还有像小仙女的魔棒、石头、花等，甚至稀奇搞怪的造型，以吸引顾客。这样的糖果已经不仅仅用来吃了，很多年轻人都把糖果作为礼物送给朋友、恋人，甚至会把糖果作为造型物品来摆设。

情趣化设计的内容，如图 8-1 所示，分原理和举例两大部分，举例部分列举三种具有代表性的例子。

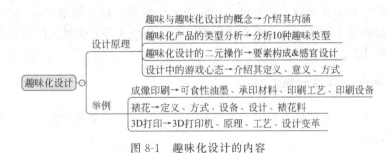

图 8-1　趣味化设计的内容

第一节　设计原理

一、趣味与趣味化设计的概念

1. 趣味

"趣味"在《辞海》里"谓兴趣与意味也"。趣味，在古代也被称之为兴趣、情趣、滋味、味道、旨趣等，是可以让人们感到快乐、能够引发人们的兴趣，令人欢喜；也是一种顺其自然不加装饰的情趣。

它在字面上的意思包括两点：一是本意，使人感到愉快，能引起兴趣的特性；二是美学名词，一种分析、评论和鉴赏美的标准。

"趣味"词义的内涵，包括"趣"和"味"，由"趣"发展而来，"味"作为

"趣"的一个辅助词，表示一种美感趋向。"趣"是单调、平乏的反义词，它与"腐"、"板"、"呆"、"俗"等相对立。陈腐、迂腐不是趣，一板一眼不是趣，呆若木鸡不是趣。"趣"有游戏之意，是机智、机灵、活泼、天真，具有自由品性、游戏精神，不拘泥于任何现成观念与世俗的状态。它以游戏的姿态、摇曳的姿韵、天真的格调打破了规范、俗套，表现出新鲜的活力和自由创造力。

2. 趣味化设计

"产品趣味化设计"一词由"产品设计"与"趣味化"两个概念的合并重组构成。

"产品设计"，是对产品的造型、结构和功能等方面进行综合性的设计，以便生产制造出符合人们需要的实用、经济、美观的产品。

"趣味化"，是把人的兴趣、品味或情趣转化为物的用法，是将"趣"产生的情致和意味，转化为有趣的主题进行表示，这些主题来自主体对自然界的观察、生活场景的体味和未来世界的幻想，物化为有趣、可爱的艺术形式，引起关心或好奇心，具有吸引力的性质或特性。

趣味化的"化"是表示一种变化，是使产品变得有趣的特征属性。趣味化产品引起人的共鸣是多方面的，它可以是产品的一个局部，也可以是产品的一个整体，甚至是产品的某个细节，或是色彩搭配等；只要能给人带来愉悦的体验，它就是属于具有趣味化产品特征的产品。

二、趣味化产品的类型分析

中国古代对于趣味的意思探讨主要在于"趣"字，演变到"趣味"上来，主要是指一种意味。

历朝历代的文人雅士通过不断探索"趣"的表现，概括总结出各种形态、类型的"趣"，例如"奇趣""理趣""雅趣""灵趣""拙趣""逸趣""清趣""神趣""机趣"等。这些形态都是以"趣"作为基点和支撑点，向着各自不同的方向和想象延伸，释放无限的创作能量。

设计出适宜的趣味化产品，需要深入地了解它。这里尝试从古汉语的角度对其进行分析，以求在设计中迅速定位。

1. 从生动、灵活等方面把握趣，即生趣

生趣的核心涵义，是人们所感受到的生存价值、生命意味与生活乐趣。进一步说，生趣不仅是一般意义上的人生趣味，而具有更深更高的哲学蕴含，即人对生命意义的体认和对人生价值的感知。

它来于自然又高于自然，"法自然，求神韵"，偏于生动灵活，讲究传神、有神采，讲究风韵、风致等。除了需要适当的参照模仿物以外，对原事物元素的提取程度的把握占据了重要的因素；约略取形，重在写神，删除一切不重要的枝节，主体形象反而得到突出。这需要在似与不似间，把握事物的灵魂，达到传神的目的，以打动人的心灵。

例如，一种名为珀西小猪的糖果曾被英国 VOGUE 杂志定义成为了当时的英国时尚。这种糖果的雏形是诞生于一战期间的便士糖，成分中包含了猪皮凝胶。制造商们将糖果修饰成微笑的小猪脸，以此来招徕顾客。这种小猪 QQ 糖，口感不错，色泽有白的、红的、粉的，微笑的小猪脸看起来很可爱。

2. 从机智、灵机方面把握趣，即机趣

所谓机趣，指机智又风趣的人生态度与审美风格。机趣之"趣"缘于"机"，偏于慧黠和巧妙。正像李渔说的，"机者，传奇之精神；趣者，传奇之风致。"他所说的"机"，是幽默，是机锋，不是刻意为之，而是构思机巧，独辟蹊径，妙然天成；他所说的"趣"，是风趣，是情趣，诙谐幽默而不油滑，厚重而不呆板。

对于产品来讲，主要体现在设计的巧妙和机智。它是设计者心智的充分体现，以一颗赤子之心玩味着多姿多彩的视觉游戏，造成特别的观感，引导人们用崭新的角度看世界，传达的并不是"知道什么"，而是一种"发现新事物的喜悦"。如图 8-2 为数字形状的巧克力。

图 8-2　数字形状的巧克力

3. 从诙谐、滑稽方面把握"趣"，即谐趣

谐趣是人们健康的、富有人情味的心理需求。它是向逗人方面发展的结果，给人幽默的效果。其最基本的内涵是轻松，所以其内在的审美意味又具有一种游戏性，具有消遣的作用。

中国人的谐趣源于远古之"戏谑"，即后来的诙谐、谐谑、滑稽、噱头、逗趣取乐、开玩笑等，这是中国式的幽默。用现代美学语言来表达，谐趣就是一种喜剧性的审美心理感应。

谐趣产品一般带给人们的是反常的逗人解乐的形式。构成谐趣的主要途径是：雅俗并举、构思出人意料、漫画及误会的手法，及设置喜剧冲突，把思想性和娱乐性融合在一起，以小见大，以慧动人。

例如，《西游记》中的美猴王孙悟空，滑稽玩世，谐中透狂，狂中有趣，自由阳刚，诙谐洒脱。而图 8-3 为孙悟空造型的巧克力，别有一番趣味。

4. 从雅致、风雅方面把握趣，即雅趣

雅是文明、典雅、有格调和品位的表现。雅趣是在雅的基础上表现出来的情态，雅趣即风雅的意趣，又指情趣高雅。"趣"是一种豁达、恬淡的生活态度；

图 8-3　孙悟空造型的巧克力

"雅"则是生活的艺术升华。人们通常所讲的"雅趣",一是指从文雅、高雅的兴趣爱好中得到的兴致和趣味,二是在一种宁静的心境中对外界某种优美的景物的观赏,三是洁美、雅致的环境给人的趣味愉悦。

产品中的雅趣是一种生活格调的体现,表现出一种生活的精致、高雅和讲究,以此形成了一定的生活品位。此类趣味主要是从生活的细节入手,快乐的源泉来自生活中一个个雅致的细节,用心去发现美和创造美,在赏心悦目的同时,享受这美好的生活。

例如,象棋、麻将是斗智斗艺、老少咸宜的文体活动,对于中国人来说普及率相当高。在上海的"异域风情美食秀"上,服务员展示印有象棋、麻将牌等图案的巧克力,就别有一番味道。

5. 从生活情爱方面把握趣,即情趣

情趣包含两个层面的含义,即情和趣。情是指情感、情调,趣是指趣味、乐趣。从本意上讲,情趣是指人的思想感情所表现出来的格调、趣味。情趣从情感角度出发,一般所体现的是甜蜜温馨的气氛。情感是多方面的,而情趣是指情感中较为积极的一面。

产品的情趣化,是通过产品的设计来表现某种特定的情趣,使产品富有情感色彩,或是高雅含蓄,或是天真烂漫,或是幽默滑稽,或是纯朴自然。从艺术设计的内容看,情趣化设计在体现产品物质性内容的基础上,更侧重情趣方面,包括装饰纹样的寓意、象征性、民族性等。

情趣化设计大多通过产品的装饰形态来体现。以具有象征性的卡通符号为出发点的运用已经成为一种流行的趋势,企业可以通过卡通活泼、自由、极具个性的形象和色彩赢得消费者的好感,让儿童能够一看到该卡通形象就觉得轻松和快乐。

6. 从自然方面把握趣,即天趣

大自然是个五彩缤纷的世界,人们在大自然中发现美,可以愉悦心情,陶醉在大自然的怀抱里。"适会物情,殊有天趣"。天趣,即天然之趣,是对自然景观的感悟，是自然而生的活泼灵动的美感。

"发于性情，由乎自然"，师法自然，以天趣为高。天趣的形成是观天、履地、观万物的结果。首先是走进大自然，去领略大自然的天然趣味。其次，顺应物理，让事物充分发挥自身的形、色、香、味、情、态、韵、致，同时流露出世间万物在人们心中所引发的审美愉悦以及人们的真性情。

在产品设计方面，具有代表性的手法是仿生。在产品造型上，既可以模仿人、动物和植物，也可以模仿现有产品。不论如何模仿，必定是模仿对象中令人喜爱的一面。

产品设计对自然生物的形态进行模仿、抽象，追求外观的清新、自然、淳朴，赋予产品生命的象征，使其渗透着清新自然的气息。

7. 情趣偏向感性，与情趣对立的还有理趣

所谓"理趣"之"理"，是指道理、义理、哲理；"趣"指在言理中所表现出的情趣、意趣、风趣。理趣，即含理而有趣、说理而有趣，是理和趣的统一，是两者结合而浑融的一种境界的体现。

它有以下的审美特征：其一，"理"必须包容在生动、具体的形象之中，具有生机盎然的形象性；二是"理"必须与景物妙合无痕，具有即物即理的契合性；三是此"理"必须具有打开人们思考人生、社会、宇宙的积极性。

在给人的感受上，理趣通过对具体生动的艺术形象的体现，涉理成趣，生机活泼，引起人强烈的心灵感应与共鸣，给人以美的享受与智性的启迪。寓含理趣的产品是一种耐人寻味的"有意味的形式"，是一个纵横交错的"层深创构"，是一个呼唤审美填充的"期待视野"。

例如，国外市场上出售一种可装进巧克力糖的戒烟打火机，当你想点火吸烟时，第一次按动一下打火机就会出来一粒巧克力奶糖，再按一次才能点烟，其目的在于使吸烟者吃了巧克力糖后不再想吸烟。

8. 从儿童的角度把握趣，即为稚趣

稚，顾名思义，指儿童的天真无邪，活泼聪颖，其本质是真。所谓稚趣，就是从儿童的角度把握趣，即天真自然之趣。它流自性灵，不虚伪做作，显得真情四溢，情趣盎然。

一般来说，儿童时期的日子充满了快乐和趣味情感。童年的天真烂漫所表达出童趣很容易突破成年人的常规，而使人们感觉幽默可笑，以一种充满童趣而温暖的方式阐释一个澄净纯真的世界。在孩子们的眼中，花儿可以说话、太阳带着微笑。他们会把自己变成动物中的一员，去感受童话般的世界。他们不知不觉中体现着趣味性设计中的某些设计原则。例如，对细节的夸张、对自然元素的运用、拟人化的思考，等等。

稚趣的产品没有太多的深度，多属于感官直觉类，相对肤浅，但讨人喜爱。通常表现为色彩亮丽，活泼，让形态充满童趣。比如，人们熟知的卡通人物、可爱的仿生形态等。

9. 从"朴""拙" 方面把握"趣"，即拙趣、憨趣

关于"拙"，在传统美学中，自从老子提出"大智若愚，大巧若拙"以来，便逐渐推广开来；庄子所谓"既雕既琢，复归于朴"，也具有相似的意味，强调自然天成、素朴恬淡之美。

拙趣、憨趣，是一种可以兼具大气和文韵的审美品格——形"拙"实为"大巧"。大巧，意为最高的巧，即"天巧"；拙即为笨而不巧，欲追求大巧，就要返归自然，以人合天；拙得合情合理，拙得神气可爱，烂漫天真，拙得奔放扩张，也就更具现代感了。

在产品中，可以看到一些憨态可掬的产品，他们表面的笨拙，却从另一方面反映了产品的稳重、扎实以及高超的技术含量等。如图 8-4 所示的熊猫造型的巧克力。

图 8-4　熊猫造型的巧克力

10. 从奇、反常合道方面把握趣，即奇趣

奇趣是一种特别的情趣和魅力。奇趣同上面的谐趣相比，其共同点在于都会创造一种幽默滑稽的效果。然而，奇趣的滑稽效果可谓更夸张，打破了格局，甚至有时会变得怪诞多样。

获得"奇趣"重要的途径是"反常合道"，就是以违背常识的意象，表述合情合理的内涵。用接受美学的眼光来看，"反常"就是"出人意料之外"，而"合道"则是"又在情理之中"。

从造型文化进行设计，从食用方式进行思考，对产品进行合理的视觉转化，改变观察事物的角度；用另外的方式去思考事物，将现实中矛盾的事物、矛盾的逻辑、矛盾的秩序、矛盾的空间制造成产品上的存在感，给消费者带来与传统习惯或现实存在的矛盾感，从而激发出消费者的趣味性，产生进一步的关注，只有这样才会设计出更多出乎意料的、奇特的趣味性产品。

常用的手段有：错觉、幻觉、反讽、荒诞、陌生化等。

① 错觉，是审美中出现的不符合事物客观情况的错误知觉。错觉可弥补对象的缺陷，使形象更逼真，更富有美感，从而创造一种特殊的效果。

② 幻觉，是审美中产生的迷幻恍惚的、不真实的感觉、知觉。由此可构成新颖独特的形象和意境，造成一种特殊的艺术效果。

③ 反讽，故意使表达出来的东西与所要表达的意思互相对立，以表面层次与内在意义层次的分裂来强化内在意思。

④ 荒诞，故意违反生活真实性和客观逻辑性，使人产生不近情理、似是而非的感觉，这种艺术手法叫"荒诞"。它强调夸张和变形，西方称作"佯谬法"。

⑤ 陌生化，把已经惯熟生腻的形象扭曲变形，让人们在惊愕中体验新奇。

巧克力是很多人都喜欢的食物，如图 8-5，把它做成螺丝钉、螺帽、起子、扳手等形状，栩栩如生，肉眼看能以假乱真。以金属颜色的不同口味分为：牛奶、黑巧克力、可乐味、橙味等，受到巧克力爱好者的追捧。

图 8-5　金属造型的巧克力

三、趣味化设计的二元操作

所谓趣味化设计的二元操作，是指进行两种设计操作，即产品的要素构成设计和感官设计，两者同时并存，融为一体，形成趣味化设计。要素构成是手段，达到感官刺激是目的。

产品是由一定的外在形式作为载体而存在的，这个外在形式又是由色彩、材料、形态、结构、工艺等要素构成的；同时，产品的每一部分都是产品的一个符号，这是人们在认识和使用产品的同时赋予给它的。

感官是产品所表达的内容和消费者所感受的情感之间的桥梁。使产品更具体验价值最直接的办法就是突出它的感官特征，增加它被感知的能力，进而增强与消费者之间的交流。感官刺激主要从视觉、听觉、触觉、嗅觉等几个方面进行把握，多方面、多层次地开发消费者的感官机能，追求人与物相融的设计。

下面，我们就以感官设计的分类来谈要素构成。

1. 基于视觉的感官设计

视觉是最容易引起感官联想的感觉。一般而言，视觉的冲击力更容易给人带来直观新奇的趣味感受，它主要依附于独特的外形、明快的色彩等。

通常人们会对于具有特殊造型或者具有独特色彩搭配视觉效果的产品寄予专属的情感，给予更多的关注，感受到更多的趣味与激情。

① 形态　形态指事物表现出来的状态，分为具体形态和抽象形态。

具体形态又分为自然形态和人为形态。在人为形态中，有些物品的形态是人们在观察模仿自然界的动植物的基础上，经过人类的抽象加工而发展出来的仿生形态。

抽象形态是人们不能直接触摸的，必须依靠想象，存在于人的思想观念之中的形态，是抽象的、非实际的，需要通过代表性的抽象符号来表现。例如，卡通形象生活在虚拟的世界当中，出于一些目的，可以人为地把卡通形象的一些特性加以强化或者减弱，从而造成与现实生活中的原型大相径庭的感觉。这种形象可以是完美的、夸张的或者拟人的，等等，由此给人造成一种新奇、幽默滑稽或者具有美感的趣味。

在形态方面，我们解释一个名词：通感。通感用在产品形态上，是形态让人产生的联想和心理感受的统称。产品趣味化的形态（包括造型、整体形象、姿态），主要通过通感的方法来表达的。由此，产品和使用者之间有了对话和交流，同时也增进了产品和用户的感情。

② 色彩　人们观察外界的各种物体，首先引起反应的就是色彩，它是人体视觉诸元素中，对视觉刺激最敏感、反应最快的视觉信息符号。色彩可以起到突出造型、明确产品特征的作用，也可以唤起人的各种情绪。

色彩是实现创新的关键，它对消费者视觉刺激的大小，决定着产品创新的成败。色彩的设计必须依附于整体造型予以合理的搭配，以表现产品的特点。色彩的运用必须与造型风格、功能特点、材料使用等元素相协调，才能体现出整个产品的趣味性。在色彩设计的过程中，色彩的明度、饱和度及色相对比等都对整个设计产生影响，需要根据产品自身的特点合理调整才能达到预期的目标。

2. 基于触觉的感官设计

触觉是要通过接触才能感受到的一种感官，更能反映出人的体验差异。触觉感官体验往往能起到超越平面的视觉效果，让消费者感受多重体验，这种体验对于消费者具有巨大的吸引力，也最为直接和真实。

基于触觉的感官设计，是以触觉的感官体验为向导，产品的设计必须反映顾客的需求，并将顾客的感受融进设计中，使顾客在品尝过程中享受美妙的感官体验，它是提升产品满意度、增强市场竞争力的重要因素。

很多产品设计通过材料、工艺、形态、色彩、质感的组合设计以后，让消费者感受到光滑、坚硬、柔软等质感。产品的材质、形态、质构的不同传达给用户的触觉感知效果也不同，形成的触觉情感也是缤纷多样的。因此，有效的触觉设计可以达到意想不到的体验效果。

例如，龙须酥（龙须糖）是将面粉、糖和油，在大量拉伸后变成纤细的糖丝，然后再制成糖块，入口即化。龙须糖并不是很甜，口感就如同旧时的棉花糖，但是纤细的糖丝游走在你的口中，却令你回味无穷。

跳跳糖是人们（特别是儿童）所喜好的食品之一。在制作跳跳糖时，要在热的糖浆里加入高压的二氧化碳气体。二氧化碳气体会在糖里形成细小的高压气泡。把糖块放入口中，糖融化后气体被释放出来时，就会听到"嘣嘣"的响声，这是二氧化碳气体释放出来的过程，这感觉就像有糖豆在嘴里蹦跳一样。

这种跳跳糖也可以视为半成品，添加到口香糖、奶糖等其他产品中，当人们咀嚼这些产品时，其中的跳跳糖成分与唾液作用能产生二氧化碳，从而刺激味觉神经，赋予产品一种"爆炸"的新奇口感。

3. 基于听觉的感官设计

听觉是人们在视觉之外获取信息的主要感官通道。设计中加入听觉设计，可以给消费者多种感官体验，增加体验的层次感，增加情趣。产品的声音能向顾客传递各种信息，传递提示性功能，更能体现产品的卓越。

有声音的产品总是能够更多的吸引消费者的注意力，大家都愿意找到有声音趣味性的产品来满足人们的交流体验。尤其是针对儿童的产品设计，听觉设计能让儿童感受到产品的更多乐趣，增加儿童自身的控制欲和满足感。

例如，口哨糖，又好吃又好玩。它是在生产过程中将两颗糖片黏合在一起，形成一种中空的糖，圆圆的，中间有孔，可以吹口哨；含在嘴里，轻轻一吹，口哨的声音就从口中传出，从而获得乐趣。

4. 基于嗅觉的感官设计

研究表明，嗅觉比其他感受给人的印象更加深刻持久。嗅觉的吸引性和容易记忆性往往更使消费者难忘，某些特点的气味总让人回忆起一些特定的场景，自然地让人对某商品产生好感或产生购买产品的冲动。

5. 味觉设计的传达

味觉就是我们通常所说的口感，酸、甜、苦、辣是味觉最基本的反应。这主要由产品配方与工艺决定。味觉设计会给消费者一种特有的愉悦与情感满足。

四、设计中的游戏心态

"设计中的游戏心态"是指在设计过程中，持以轻松愉悦的心态，通过偶发、探险、漫游、迷藏、试验等方法来释放创造能力。

当我们听到"游戏"这个词的时候，心理状态是积极、放松的，并且是乐于参与的。游戏的特色是：不断往前，以及"独一无二的人物和事件"。在游戏中，人们将希望和幻想投诸在特定事件上，而不是遵照外在世界要求。所以，游戏者觉得游戏事件生动刺激，是因为平凡事件并非如此。在游戏中的游戏者，就其投入游戏活动而言，具有严肃认真的精神，全力以赴地投入游戏活动中，把游戏当作自身的最高乐趣，并因自身融化在游戏中而快乐，充分地享受挑战感和刺激感，以达到身心的愉悦。人只有在游戏中才显现出最自由、最本真、最具有创造力的一面。

设计中的游戏心态是一种以轻松、娱乐为主的情感体验，一种情绪状态。它体现的是设计者的另一种追求，即追求乐趣、轻松和一种心情的愉悦。它产生的心理基础是设计者的幽默、诙谐、机敏、好奇和争强好胜等性格因素。

它揭示了设计的最佳状态应该是：对待设计就像做游戏一样的参与，像做游戏一样的放松，以做游戏的状态完成（感性与理性的）设计过程，以达到理性的思维、感性的释放。

这样，在"设计"的过程中，各种不具备逻辑顺序的想法闪烁浮现，并可能与现有设计毫无关联；如果对这些想法保持足够的耐心，并尽量克制去控制它们的欲望，更多的讯息会接踵而至，而这些漂浮的信息会在随后的阶段展示出意想不到的价值。

无意的组合，偶然的发现，错误的操作，故意的破坏，漫无目的地游走，幻想和梦境，能成为组合设计要素的绝佳手段，这些方式的运用都是游戏精神在设计过程中的具体呈现。

通过无意识组合的尝试，理想的设计结果会在耐心的等候中出现。这个过程有点类似万花筒中发生的事情，当人们透过棱镜去观察这些小块的彩色玻璃时，它能显示出无穷尽的新图案，其可能性数不胜数，而观察者不需要付出任何精力，并能从这种经济的方法中获得愉悦。

第二节　成像印刷

食品成像印刷，是将任意图片百分之百地重现在食品上，也就是说，采用可食用油墨，在食品表面或者可食性包装材料的表面，进行印刷装潢，为食品描绘出复杂、丰富的图案色彩，让产品在感官上更具魔力。例如，将面条当作纸片，印上小楷心经，出锅，盛到碗里，满满的都是慈悲呀。

这样，在品尝美味之前，突出视觉效果，以此来留住美丽的瞬间、开心的一刻，从而赋予了传统食品更高的品味和内涵，让生活更加丰富多彩。这是一个新的理念和尝试，也是一个新的富有吸引力的市场机遇。

成像印刷的内容分为五个方面，如图8-6。

一、可食性油墨设计

可食性油墨不仅要满足印刷性能要求，还要满足可食性特点，它的每一个组成部分都要符合食用要求，而且其混合后也应该对人体无害。其设计主要包括三个方面，如图 8-7。

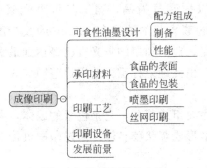

图 8-6　成像印刷的内容

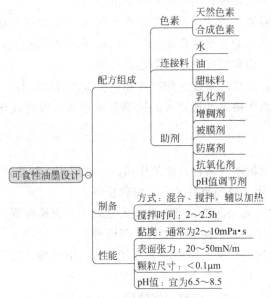

图 8-7　可食性油墨的设计

1. 配方组成

可食性油墨由色素、连接料、助剂等组成。

（1）色素

色素主要起显色作用。

食用色素又分为天然色素和合成色素。大多数天然色素不够稳定，遇到酸碱时，分子结构容易发生变化，导致变色，而合成色素具有色泽鲜艳、着色力强、稳定性好、易溶于水、品质均一等特点。当然，选用天然色素符合现在人们对绿色食品的要求。

可食性油墨的色素必须符合以下要求：①无臭无味；②耐光耐热；③易溶于

水；④对 pH 值稳定；⑤对金属离子稳定；⑥价格合理。天然色素中理化性能最符合要求的为：红色素——红曲红，蓝色素——栀子蓝，黄色素——栀子黄。

色素含量的确定：以柠檬黄为例，测试其可见光吸收光谱，发现吸收峰在427nm 左右，记录不同色素含量的油墨在 427nm 的吸光度。当色素含量高于 3% 时，吸光度基本保持平稳，此时油墨的吸光度已经达到最大，再继续增加色素含量已对颜色表现没有作用。由此确定柠檬黄的用量范围为 3%～5%。

（2）连接料

连接料是油墨中的主要组成部分，它是色素的载体，主要作用是将固体粉状物质连接起来，并加以分散形成浆状胶黏体，通过印刷机传递到承印物上，并使色料固着在承印物上。

可食性油墨的连接料由高分子成膜树脂、油类、溶剂所组成。其中油类使用植物油，如花生油、色拉油等；溶剂则可以是液态糖。

一般来说，不需要冷藏的食品可采用含水配方，而冷藏食品可以用有机配方。对于不需要冷藏的食品的含水油墨配方，可以充当连接料的有水、甜味料。可作为甜味料的有葡萄糖、山梨糖醇、果料等糖类物质。

连接料的选择，根据溶解性、酸碱性和黏度方面表现进行。连接料是影响油墨黏度的主要因素，由于喷墨油墨要求的油墨黏度很低，因此在连接料的用量方面，应特别加以注意。

（3）助剂

助剂起到改善油墨本身某种性能的作用。一般说来，油墨用助剂可分为：

① 乳化剂：常用脂肪酸聚甘油酯、卵磷脂等。

② 增稠剂：常用海藻酸钠、可溶性的大豆多糖、黄原胶等。

③ 被膜剂：常用阿拉伯树胶、虫胶、明胶等。

④ 防腐剂：常用对羟基苯甲酸酯类及其钠盐、山梨酸及其钾盐。

⑤ 抗氧化剂：常用山梨酸及其钾盐、维生素 E 等。

⑥ pH 值调节剂：常用乙酸钠、柠檬酸、小苏打等。

2. 制备

根据所配油墨的总量，准确称量各组分的质量，按照一定的配方比例，通常首先加入色素、去离子水和保湿剂，搅拌均匀（大约 10min），糖和胶体两者同时加入，油和乳化剂两者同时加入，每次加入原料，都需要搅拌均匀，加入连接料可将温度调至 50℃，加入所有的原料，搅拌的总时间为 2～2.5h。

3. 性能

对于可食性喷墨而言，一般需要考虑到油墨的黏度、表面张力、电导率等性能，还要保证油墨不堵塞喷嘴。一般而言，油墨的黏度通常为 2～10mPa·s，表面张力为 20～50mN/m，颗粒尺寸要小于 0.1μm，且为了延长设备的使用年限，油墨的 pH 值最好在 6.5～8.5 之间。

二、承印材料

当前可食性油墨印刷能够承印的材料主要分为食品的表面以及食品的包装两大类。应用材料性质的不同决定着可食性墨水配方的不同，应根据不同材料的性质配置合适的可食性墨水。

1. 食品的表面

可食性油墨主要用于可食产品的表面印刷，如糖果、巧克力的表面，对其表面进行装饰。

2. 食品的包装

可食性油墨应用在可食性包装印刷材料上，主要的种类有淀粉类可食纸、多糖类可食纸、菠菜纸、蛋白类可食膜、复合类可食纸。

可食性包装印刷材料是当前食品领域研究最多的材料，主要用作内包装或装饰食品，除了具备一般承印材料的主要性能之外，最大特性是可食用。目前已获得应用与正在研究的可食性承印材料种类较多，主要种类包括：由淀粉和天然可食动植物胶混合压制而成的淀粉类可食纸，由蔬菜与天然可食动植物胶压合干制而成的蔬菜纸，由大豆蛋白或动物蛋白流延而成的蛋白类可食膜，由壳聚糖等经流延加工而得的多糖类可食纸，由纤维素（植物）与动植物蛋白或胶复合而成的复合类可食纸等。

三、印刷工艺

由于受可食性油墨和承印材料特性的限制，很多印刷方式都不能使用，只能采用丝网印刷或喷墨印刷，而喷墨印刷又是最理想的食品印刷方式。

1. 喷墨印刷

喷墨印刷具有非接触、无压力、无印版等特征，其原理是：把将要打印的图文信息输入计算机，在计算机的控制下，墨水微粒以一定速度由喷嘴喷到承印材料上，通过墨水与承印材料的相互作用，呈现出稳定的图文信息。

喷墨印刷与其他印刷方式（丝网印刷等）相比，具有操作过程简便、高效、安全，适用于大批量食品连续生产，可以满足消费者日趋个性化、多样化的需求。同时，非接触式印刷方式可以保证食品表面卫生、适合表面易碎食品的印刷。此喷绘系统可以加装在食品生产联动线上，从而提高效率。

2. 丝网印刷

可食性油墨的丝网印刷方式，能利用目前常规的丝网印刷设备印刷，无需额外的成本投入。在应用时，将可食性油墨涂布到事先制好的网版上，通过丝网印刷的方式，将其转移到承印材料表面。这种方式可以印刷曲面的承印物。

四、印刷设备

世界上一些走在前沿的科研机构和公司都先后推出或正在研发采用可食性油墨

印刷的数字式喷印系统，如在美国的 Spectra 公司推出的 Melin FC 和 Apollo JetXpress 4/256 FC 食品成像系统、日本马斯达株式会社推出的可食性油墨印刷喷绘机 MMP 1300BT 等。

以日本新推出的 MMP 1300BT 为例，这种印刷机供一般店铺使用的有 A3 和 A4 两种不同大小的类型，印刷材料的厚度在 5cm。此外，印刷机还备有供工厂使用的可在长 500mm、宽 118mm 托盘上印刷的扁平底座部件，可适用于 254mm 厚度材料的印刷。

五、发展前景

在食品、可食性包装材料表面进行印刷，是一个新的理念和尝试，也是一个富有吸引力的市场机遇。在食品表面印刷一些可以引起人们食欲的有特性的图案，可以用于生产个性化食品、促销食品；对于要求越来越高的儿童食品来说，引入可食性油墨是必然趋势，美的印刷图文不但可以吸引儿童，而且外包装上油墨的环保特性又不会对孩子的身体形成伤害。

随着人们饮食习惯的改变、审美要求的提高以及对个性追求的强烈，可食性油墨必将得到广泛重视，对它们的研究也会逐渐增多。随着可食性包装材料的广泛推广，可食性油墨将成为未来印刷界的新宠，成像印刷的食品将越来越丰富。

第三节　裱　花

裱花食品是绘画、造型艺术相结合的产物，集食用性与观赏性于一体，增加产品吸引眼球的能力，使消费者在食用过程中享受艺术品般的美感。

一、裱花的定义

裱花是在制品上裱注不同花纹和图案的过程。

这个裱花过程是在食品的成品、半成品上，用裱花料点花，或者用机械的浇注、拉花机械、裱花机进行作业，绘制或粘贴规定的图案，再经风干或者烘干，成为成品。

裱花图案的构成千姿百态，自然界中的各种景物都可以作为图案构成的素材。例如，卡通类的米老鼠、唐老鸭、蓝精灵、圣诞老人，小动物类的熊猫、兔子、鱼，水果类的草莓、橘子、梨子、香蕉等。在这千变万化的图案构成中，必须遵循一定的规律，所谓万变不离其"宗"，这个"宗"就是最基本的图样和造型。

二、裱花的方式与设备

1. 裱花的方式

分为手工裱花、机器裱花。

（1）手工裱花

手工裱花，先把糖果、巧克力、饼干半成品按传统工艺生产好，再把调好的裱花料（糖果饼干用的硬点花料为砂糖粉、明胶、水，软点花料为砂糖粉、黄原胶、阿拉伯胶、水、香料、色素；巧克力用不同颜色调整）通过挤花袋人工挤出（一个成品分为几次点花，每次必须间隔一段时间），再风干或者烘干即可。

（2）机器裱花

在糖果、饼干、巧克力、蛋糕的表面，裱花机用各种颜色的巧克力或糖霜绘制各种各样的图案和文字，可制作出非常漂亮的产品。

相对于手工的方法完成点花，使用机器全自动完成点花，效率高，成本低，产量大，保证产品的一致性能；广泛应用于糖果、蛋糕等，降低劳动者的强度，适用于面包裱花和毛毛虫面包以及花色面包裱花等的需求。这种自动裱花技术将带来新的产品开发思路与产品价值。一站式裱花机见图8-8。

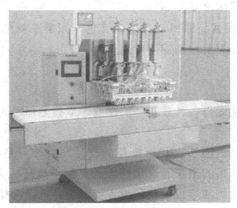

图8-8　一站式裱花机

2. 裱花设备的进化

浇注裱花设备是糖果巧克力生产中普遍使用的成形设备。

第一代机械浇注设备对推动我国浇注糖果的蓬勃发展起到了重要作用，在功能上的局限性已经越来越不能够满足糖果行业多样性、高端化发展的要求，虽然一些设备生产厂家也在尝试不断地改进，但是要有大的突破已经不太可能了。

第二代数控浇注设备的突出特点，就是浇注嘴会"跳舞"。通过高端数控方式，它将浇注嘴由一个点提升到一个可以任意运动的三维空间，使设备具有非凡的功能与广阔的应用空间：

① 对夹心技术有一个非常大的提升，即精确定量夹心，最大夹心量可以达到70%；

② 能够涂写和螺旋，能够将文字、图案、徽标等直接写画在巧克力表面，产生平面和立体螺旋花纹，如单色、双色平面螺旋、单色、双色立体螺旋；

③ 取代人工，实现了多色精细裱花浇注。

三、裱花设计的要素

裱花是根据需求预先制定图案，然后对食品进行表面装饰，达到美化的目的。设计就是寻找美感的学问，要素为：

① 形态　包括食品的形态（圆形、方形、异形等）与组合形式（单层、双层和多层等）。形态也可设计为反映主题的式样，例如，心形，代表感情和爱情；卡通形象，代表活泼；阿拉伯数字形、字母形，则直接表现主题构思。

② 布局　在设计的基础上，对食品造型的整体进行制作，包括图案、造型的用料、色彩、形状大小、位置分配等内容的安排和调整。方式有对称式、放射式、合围式等。

③ 构图　方法有多种，如平行垂线构图、平行水平线构图、十字对角构图、三角形构图及起伏线、对角线、螺旋线、"S"形等各种形式线的综合运用，都以不同形式给人以美的艺术享受。

④ 色彩　最好利用食品原料本身的固有色，如果原料色彩不能满足创作的需要，可借助食用色素，但要严格控制使用量。

四、裱花料

裱花装饰前，必须懂得各种裱花料的性能，掌握多种形式的装饰技巧，以利于装饰美化产品。

裱花料的选择，一是同质，和所裱花的食品同质，只是添加色素进行调色处理，例如硬糖、凝胶糖果的裱花通常用同质的材料，黑巧克力的裱花用白巧克力；二是异质，如蛋糕上用奶油进行裱花，两者就属于异质。选择时关注两点，一是裱花料的流动性，以利于裱花操作，二是附着力，裱花料能够附着在所裱花的食品上，成为一个整体。

第四节　3D 打 印

3D 打印思想起源于 19 世纪末的美国，并在 20 世纪 80 年代得以发展和推广。中国物联网校企联盟把它称作为"上上个世纪的思想，上个世纪的技术，这个世纪的市场"。

3D 打印技术从出现至今，每天都在上演着奇迹。它散发着神秘的诱惑力，吸引着人们不断探索。它和食品的结合，悄然带来了一场变革，改变了人们对加工食品的看法，使食品焕发出另一番风采。

一、3D 打印机

3D 打印机，顾名思义，用它打印出来的物品并非平面的纸张，而是一个立体的固态物体。它首先将一项设计物品通过3DCAD（3D计算机辅助设计）软件转化为3D数据，然后再根据这些数据进行逐层分切打印。在打印过程中，层层打印出来的切片会不断叠加，最终形成一个完整的立体物品。简单说来，3D打印就相当于做"加法"。

3D打印机与传统打印机最大的区别，在于它使用的"墨水"是实实在在的原材料，堆叠薄层的形式有多种多样。只要把需要的东西在计算机中设计出来，不再需要其他加工手段，采用3D打印机就可以直接将所设计的物品打印出来，这对于个性化、小批量、多品种的生产非常合适。

二、3D食品打印机

3D食品打印机是将3D打印技术应用到食品制造层面上的一种食品制造机械，主要由控制电脑、自动化食材注射器、输送装置等几部分组成。它所制作出的食物形状、大小和用量都由电脑操控，其工作原理和操作方法与3D打印机相似。

它使用的打印材料是可食用的食物材料和相关配料，将其预先放入容器内，将食谱（配方）输入机器，开启按键后注射器上的喷头就会将食材均匀喷射出来，按照"逐层打印、堆叠成型"制作出立体食品。

用于食品打印的材料来源丰富，可以是生的、熟的、新鲜的或冰冻的各种食材，将其绞碎、混合、浓缩成浆、泡沫或糊状。使用者可以自主决定食物的形状、高度、体积等，打印出食品的口感风味各式各样，不仅能做出扁平的饼干，也能完成巧克力塔，甚至还能在食物上完成卡通人物等造型。

三、3D打印食品的类型

到目前为止，可以成功打印出30多种不同的食品，主要有以下六大类。
① 糖果：巧克力、杏仁糖、口香糖、软糖、果冻；
② 烘焙食品：饼干、蛋糕、甜点；
③ 零食产品：薯片、可口的小吃；
④ 水果和蔬菜产品：各种水果泥、水果汁、蔬菜水果果冻或凝胶；
⑤ 肉制品：不同的酱和肉类品；
⑥ 奶制品：奶酪或酸奶。

四、3D打印的技术原理

与其说3D打印是一种打印技术，倒不如说是从"3D虚拟"到"3D构造"的过程，如图8-9所示。
（1）三维建模
借助3D辅助设计软件在电脑中建立起三维模型。通过3D扫描仪之类的扫描设备获取对象的三维数据，并且以数字化方式生成三维模型。也可以使用三维建模

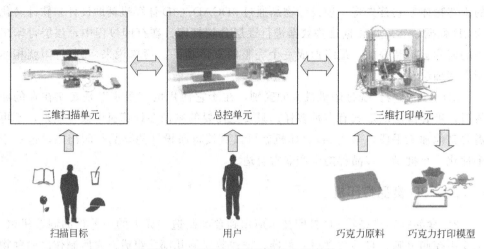

三维扫描单元　　　　　　　总控单元　　　　　　　三维打印单元

扫描目标　　　　　　　　用户　　　　　巧克力原料　巧克力打印模型

图 8-9　3D 打印系统总体结构示意图

软件从零开始建立三维数字化模型，或是直接使用其他人已经做好的 3D 模型。

（2）分层切割

即数字切片。由于描述方式的差异，3D 打印机并不能直接操作 3D 模型。当 3D 模型输入到电脑中以后，需要通过打印机配备的专业软件来进一步处理，即将模型切分成一层层的薄片，每个薄片的厚度由喷涂材料的属性和打印机的规格决定。

（3）打印喷涂

由打印机将成形材料按截面轮廓进行分层加工再叠加起来，犹如吐丝结茧，从而得到所需产品的实体形态。因为分层加工的过程与喷墨打印十分相似，所以也可以直接理解为"喷墨"。

五、3D 打印食品的工艺

食品 3D 打印机操作简单，基本做到可以一键打印，无需其他调试，完全智能。设备中建立了食品模型库，投入原料，然后选择喜爱的 3D 模型，即可打印出造型各异的相应食品。

我们以巧克力为例，介绍工艺参数与影响，如图 8-10。其中，温度对挤出线宽没有影响，但对成型高度影响较大；喷嘴直径影响喷头堵塞概率；料筒残余压力影响表面质量。

（1）喷头温度

巧克力的黏度随着喷头温度的增大而下降。采用挤出方式，对材料的黏度变化不敏感。巧克力打印喷头的挤出线宽并没有随着黏度的下降而升高。

喷头的温度越低，越接近巧克力的成型温度，挤出的巧克力材料冷却越快，打印件越不易坍塌。但是喷头温度如果过低，会因为巧克力凝固而造成喷头堵塞。巧克力的最适宜打印温度应该选取略高于熔融温度，以不发生喷头堵塞为宜。

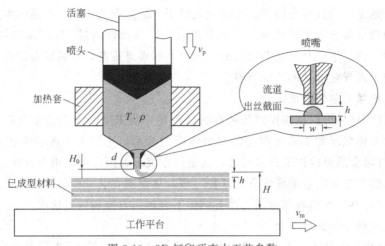

图 8-10　3D 打印巧克力工艺参数

v_p—喷头活塞运动速度；v_m—工作平台运动速度；d—喷嘴直径；w—线宽；h—线高；
H—已成型高度；H_0—喷嘴与平台距离；T—喷头温度；ρ—材料密度

（2）喷嘴直径

喷嘴直径的大小直接影响打印件的成型精度。喷嘴直径越小，打印件的成型精度越高。但是当喷嘴直径小于一定数值时，材料挤出的稳定性将受到影响，容易因为材料在喷嘴内凝固而堵塞喷头。通过提升喷头温度和喷嘴直径可以降低喷嘴堵塞的概率，但是温度越高，巧克力越不容易冷却成型。喷嘴直径越大，打印精度越差。直径 0.4mm 的喷嘴较适用于巧克力打印。

（3）喷嘴距平台高度

打印过程中，喷嘴距平台的高度变化对挤出线宽有影响，还影响到喷头能否顺利挤出，以及线条能否在平台上正常成型。在实际打印中，喷嘴距平台的高度变化表现为工作平台不平整，或者喷嘴的水平运动存在垂直误差。

此外，第一层的打印质量对后续打印也有重要影响，其打印质量可以通过调节喷嘴距离与平台之间的高度来调整。

（4）料筒残余

当打印完成，或者在打印过程中存在打印区域的切换，都需要停止挤出。此时，喷头残余压力的存在使得喷头在空行程或者停止后，实际仍旧有挤出，表现为喷嘴出口存在挂流。这些挂流的材料会被喷头带入到下一段挤出行程中，或者附着在打印件上，造成打印精度下降。在实际打印前，需要逐次增大挤出量，确定喷嘴不产生挂流的最小值，作为喷头的回吸值输入系统中。

六、3D 打印食品的设计变革

（1）最直接的变化是关于形态和结构的设计

3D 打印技术为产品形态和结构的设计提供了近乎无限的可能性，这种可能性将会极大地丰富设计形态语言，并改变人对于产品的审美认知。产品的生产方式已不再成为设计师想象力的束缚。外观再复杂的产品都能通过 3D 打印机打印出来，并且浑然一体。生产具有复杂结构形态的产品不再是难题，产品形态结构的高度自由也增加了差异化设计的适用范围。

（2）提供科学的健康饮食

3D 打印食材可以精确控制每种食材的用量，与未来的个人健康设备结合，根据个人的身体状况和需求实时打印出最健康的食品，可以大大改善人民的饮食健康。3D 打印食品可以调配营养要素，甚至药用成分，因此可以用于食疗。3D 食品打印技术的产生可能会颠覆固有的饮食习惯，从而建立起一种科学的饮食理念，减少肥胖、"三高"疾病和其他因为饮食结构不合理引发疾病的发病率。

（3）提供个性化的饮食

3D 食物打印技术可以为儿童、老年人及不同年龄段的人群提供个性化的饮食。如德国一家公司推出一款 "Smooth Food" 的 3D 打印食品，将液化并凝结成胶状物的食材打印出各式各样的食物，容易咀嚼和吞咽，很可能成为老年护理行业的革新者。

（4）满足人们的情感需求

用户可以在电脑里预先存储上百种立体形状，通过打印机的控制面板挑选出自己喜欢的造型，打印出形象各异的立体食品，增加生活情趣。对于烹饪一窍不通的人，可以下载名厨研制的食谱，制作出营养、健康、精致的食品。

现在一台 3D 食品打印机就能打印多种食材，拓宽了机器的应用场景，而一个小的造型只需要几分钟即可完成，也能满足现场体验的时间要求。例如，可打印多种食材的机器 Shinnove-S1，可以打印巧克力、饼干、糕点、糖果和酱类等五大类十多种口味的食材。

3D 食品打印操作简便，制作速度快，食材搭配灵活，创作空间大。产品特征鲜明多样，口感独特，方便咀嚼，有趣好玩，营养好吃，其消费人群不受年龄限制，不仅吸引孩童，更方便老年人以及进食困难、吞咽困难的病人等。

相信随着 3D 技术的高速发展和广泛应用，3D 食品打印的市场空间和销售范围也会不断增大。

参 考 文 献

[1] 路长全. 软战争. 北京：机械工业出版社，2004.

[2] 崔自三. 畅销品：如何突破销量增长瓶颈. 品牌研究，2006(9)：50-52.

[3] 林飞. 畅销商品的统计分析辨识法. 中国商报，2011-6-14(B06).

[4] 吴广清，韩华英. 论畅销商品的基本特征. 吉林商业高专学报，1996(3)：17-19.

[5] 盛凡. 网络营销中的畅感与畅销. 中国电子商务，2014(16)：5-5.

[6] 王虹，史远. 面对"降维打击战"：要么创新，要么死亡. 人民邮电，2014-11-21(002).

[7] 刘静，邢建华编著. 食品配方设计7步(第2版). 北京：化学工业出版社，2011.

[8] 刘静，邢建华编著. 保健糖果：设计、配方与工艺. 北京：化学工业出版社，2015.

[9] 赵静等. 我国婴幼儿配方奶粉生产现状和发展趋势探讨. 中国牛业科学，2016，42(5)：64-66.

[10] 岑军健. 工艺创新：非油炸方便面产业将突破困境. 食品与机械，2011，27(1)：5-6.

[11] 顾硕. 看自动化技术如何助力食品饮料柔性生产. 自动化博览，2012(5)：34-34.

[12] 张建升，张占江，谭南等. 专利分析在技术研发中的应用. 吉林工程技术师范学院学报，2013，29(9)：
      20-22.

[13] 张长河，曹琦琳，侯仲华等. 固化专家经验，传承专业"家谱". 价值工程，2008，27(4)：140-143.

[14] 李红玫，刘忠华，段秀军. 酱渍卜留克工业化生产新工艺. 中国调味品，2012，37(10)：41-45.

[15] 张平，蓝海林，黄文彦. 技术整合中知识库的构建研究. 科学学与科学技术管理，2004，25(1)：31-34.

[16] 吴冬俊. 基于信息技术平台的产品集成创新方法. 机械设计，2013，30(8)：106-109.

[17] 徐恒. 青岛饮料集团：信息化管理"溯本求源". 中国电子报，2009-8-21(003).

[18] 刘国山，魏子秋. 基于复杂方法的食品冷链物流技术植入研究. 中国流通经济，2012，26(3)：25-29.

[19] 张煜行，孟庆才，李泽霞. 白酒规模化勾调智能控制系统开发. 酿酒科技，2011(4)：112-114.

[20] 孙哲浩，赵谋明. 食品的质构特性与新产品开发. 食品研究与开发，2006，27(2)：103-105.

[21] 蔡金腾，朱庆刚，于波等. 粒粒苹果汁饮料生产工艺. 山地农业生物学报，1996(2)：65-67.

[22] 林丹琼. 火龙果果粒悬浮饮料的研制. 饮料工业，2010，13(2)：23-25.

[23] 庞鹏. 梨果粒饮料的制作. 农村新技术，2011(2)：52.

[24] 顾晨光，正建军. 人造颗粒水果饮料的研制. 食品工业，1989(4)：7-10.

[25] 费铺，龚立，张红丹. 人造悬浮颗粒饮料的研制. 食品科学，1991，12(8)：35-37.

[26] 胡德庆，刘晓辉，徐志谦. 人造悬浮饮料的研制. 安庆师范学院学报(自科版)，1996(1)：32-35.

[27] 缪惟民. 颗粒饮品成为当今饮料行业的宠儿. 中国包装工业，2011(10)：40-41.

[28] 单杨. 柑橘全果制汁及果粒饮料的产业化开发. 农产品加工，2012，12(8)：1-9.

[29] 吴英亮. "果粒橙"饮料的制作技术. 生意通，2009(10)：121-121.

[30] 方修贵，曹雪丹，赵凯. 悬浮型果粒饮料的原理及研究进展. 饮料工业，2014(1)：48-54.

[31] 司卫丽，陈毓滢，曾建新等. 胶体对悬浮果粒果汁饮料稳定性的影响. 食品科技，2008，33(12)：74-76.

[32] 何强，金苏英，刘小杰. 果汁悬浮饮料的技术难点及稳定性探讨. 中国食品工业，2006(1)：44-45.

[33] 任猛. 果酱气雾食品的研究. 合肥：安徽农业大学，2014.

[34] 李贵，刘宏伟，王勇等. 浅谈定量吸入气雾剂的灌装工艺. 中国药业，1997(12)：20-21.

[35] 逄金柱，杨则宜. 高蛋白减肥饮食策略探析. 体育科研，2009，30(3)：63-66.

[36] 郑建仙，高孔荣. 低能量食品组分的现状与未来. 食品与发酵科技，1994(2)：1-9.

[37] 孙程，曾伟. 减肥食品和高能量食品的感官差别. 中国食品添加剂协会成立十周年暨中国国际食品添加剂
      展览会学术，2003.

[38] 郑建仙，李璇. 论低能量食品的开发. 食品工业，1999(5)：39-41.

[39] 屠用利.食品中的脂肪替代物.食品工业,2000(3):17-19.

[40] 宫艳艳.脂肪替代物的分类及在食品中的应用.中国食品添加剂,2009(2):43-47.

[41] 孟令义,戴瑞彤.脂肪替代物及其在食品中的应用.肉类研究,2007(6):40-43.

[42] 徐静,税志坚.甜味剂的发展现状和影响.轻工科技,2008,24(1):6-7.

[43] 刘玉钗.甜味剂的市场概况与复配技术.中国食品添加剂生产应用工业协会甜味剂专业委员会年会,2007.

[44] 姜彬,冯志彪.甜味剂发展概况.食品科技,2006,31(1):71-74.

[45] 马熟军,王素英.低胆固醇食品研制方法的研究进展.食品研究与开发,2006,27(8):189-192.

[46] 李红.食品中胆固醇脱除技术的研究进展.肉类研究,2010(1):55-58.

[47] 胡会萍,丁立孝,袁娜.低盐传统发酵食品的研究进展.中国调味品,2010,35(11):40-42.

[48] 李迎楠,刘文营,张顺亮等.牛骨咸味肽氨基酸分析及在模拟加工条件下功能稳定性分析.肉类研究,2016,30(1):11-14.

[49] 刘桂梅.益寿糖、木糖醇和草药提取物制取无糖硬糖的研究.现代食品科技,2006,22(3):139-140.

[50] 赵现敏,张红英,崔保安等.中草药免疫增强剂有效成分及其作用机制的研究概况.中国畜牧兽医,2006,33(11):50-52.

[51] 黎介寿.免疫营养的现状.肠外与肠内营养,2012,19(6):321-323.

[52] 任静.有益于免疫系统的保健食品迎来春天.中国医药报,2017-3-16(007).

[53] 杨洋.相生相克——药膳的宜忌.中国中医药现代远程教育,2003,1(7):46-47.

[54] 孙本风,顾修蕾,孙爱杰等.婴儿配方奶粉货架期内营养强化剂衰减率的研究.中国乳业,2012(7):78-82.

[55] 李涛金.婴幼儿配方乳粉中强化维生素工艺的研究.中国乳品工业,992(6):247-249.

[56] 赵晓娟.人体必需矿物质与营养强化剂.广州化工,2011,39(5):29-30.

[57] 吴锦涛,李惠,刘婧楠等.我国食品营养强化剂的发展状况.科技资讯,2015,13(2):215-215.

[58] 史银飞,路新国.我国营养强化剂的应用进展.食品研究与开发,2009,30(3):181-184.

[59] 邓敦,陈黎虹,王朝晖等.中医抗骨质疏松系列保健食品的研发思路.浙江省骨质疏松与骨矿盐疾病学术年会暨骨质疏松症诊治进展专题研讨会,2011.

[60] 杨丽秋,宋淑文,赵大梅.老年性骨质疏松症的饮食及营养治疗探讨.中国现代药物应用,2011,05(24):123-123.

[61] 高学敏,张德芹,张建军等.中医预防及改善骨质疏松系列保健食品的研发思路及范例介绍.中国骨质疏松杂志,2006,12(4):415-423.

[62] 王南平,周韫珍.营养与骨质疏松症.现代预防医学,1998(2):220-221.

[63] 王少君,李艳,刘红等.中医理论对骨质疏松症发病机制的认识.世界中医药,2013(9):1044-1048.

[64] 张莲,郭峰,冯霞.中医药防治老年骨质疏松研究进展.中国骨质疏松杂志,2014(8):982-984.

[65] 郑红星,祁珊珊.我国注册增加骨密度保健食品现状分析.食品工业,2016(6):190-193.

[66] 杨帆,邓兆智,韩云等.中药治疗骨质疏松症的用药规律.广东药学院学报,2003,9(1):70-71.

[67] 李妮.产品的趣味化设计方法研究.图学学报,2006,27(5):115-120.

[68] 郑卫东.五感在产品形态设计中的应用研究[D].无锡:江南大学,2015.

[69] 谭昕.设计中的游戏精神.包装工程,2010(16):111-113.

[70] 颜华清.浅谈糖果巧克力饼干的成像技术.中国食品,2012,605(13):55-57.

[71] 孙菁梅.可食性喷墨油墨的制备及性能研究[D].北京:北京印刷学院,2013.

[72] 范小平,张钦发,岳淑丽.可食性油墨及应用现状研究.包装工程,2007,28(5):172-174.

[73] 范小平,张钦发,向红等.网印用可食性油墨的研制及其性能研究.包装工程,2010,31(23):43-46.

[74] 黄剑.裱花蛋糕的设计.武汉商学院学报,2005,19(2):45-48.

[75] 陈妮.3D打印技术在食品行业的研究应用和发展前景.农产品加工·学刊(下),2014(16):57-60.

[76] 童晶,张洛声,侯松林等.低成本个性化巧克力三维打印平台.计算机辅助设计与图形学学报,2015(6):984-991.

后 记

我们原来准备编写一本大而全的厚书，认为那样更有成就感。于是就行动起来，工作做到一半的时候，联系编辑，编辑提醒：书太厚了，价格就高了，读者就少了……这瓢冷水把我们浇醒，于是我们将厚书内容分拆，本书就是其中的方法论部分。

不曾想到它独立出现，就像云开雾散，风景出现，带给我们的是"柳暗花明又一村"的欣喜。我们相信，读者选择它，就走上了不一样的路，看到不一样的风景。思路决定出路，出路就在思想拐弯处；观念一变，世界全变。当我们用不同的角度、用不同的思维方式、用不同的感觉去观察、品味的时候，风景就在其中了。

在本书编写过程中，参考了众多文献，包括相关的硕士论文、博士论文；第一章的理念部分，参考了李善友教授的大课内容、猎豹 CEO 傅盛的相关文章；在此向每一位作者表示诚挚的感谢！

本书是探索性之作，或有不足与瑕疵，敬请各位专家、同仁和读者批评、指正（fpxjh@163.com），以便我们以后修改、完善，在此深表感谢！

另外，本书与我们已经出版的《食品配方设计 7 步》是黄金搭档，相得益彰。这两本书都是讨论产品设计的，虽有交集，但方向不同，就像坐标一样，形成纵横思考的方向和思考区域，成为一幅思维导图。沿着这两条线纵横思考，就会达到一定的深度和广度，更上一层楼。